KB196331

엘로우큐의 살아있는
지도 박물관

| 일러두기 |

본문 중, 책 제목은 『 』, 지도 제목은 〈 〉, 강조 단어는 ' ' 로 구분해 사용했어요.

옐로우 큐의 살아있는
지도 박물관

지도의 암호를
해독하라

양시명 글 | 김재일·홍성지 그림 | 나일등기행단 콘텐츠 | 경희대 혜정박물관 감수

안녕로빈

어린이 편집위원들의 책 추천 한마디

이 책이 나와서 심심함이 전부 사라질 것 같아요. 긴 소설을 좋아하지 않는 친구들에게 강력하게 추천해요. 이 책은 재미 요소가 많은 책이에요. 특히 '털 요괴의 정체'가 가장 재미있었어요. 여러분은 털 요괴의 정체가 무엇이라고 생각하시나요?
면동초등학교 4학년 김동혁

가장 관심 없고 싫어하던 지도에 대해 많이 알게 되었어요. 모험의 과정이 생생하게 떠올라서 한 장면 한 장면이 머릿속에 그려지고 마치 저도 친구들과 함께 있는 것 같았어요. 얼른 2권이 나오면 좋겠어요. 친구들과 함께 신나는 모험을 떠나고 싶어요. **면목초등학교 4학년 김채린**

지도에 관심이 없는 친구들에게 흥미와 도움을 줄 것 같습니다. 복잡하게 느꼈던 지도에 대한 생각이 풍부해지는 듯합니다. 책을 읽다 보면 나도 모르게 빠져들게 됩니다. 어느새 내 머릿속에 등장인물들이 들어와 함께 싸우고 있는 것 같습니다. 모든 것이 생생하게 느껴집니다. 여러분도 지오의 친구가 되어 함께 모험하고 있는 자신을 발견하게 될 것입니다.
면목초등학교 4학년 최은서

책을 읽다 보면 너무너무 궁금해져. 과연 친구들은 사라진 지오를 구하러 용감하게 갈 수 있을까? 지오와 현아, 지오와 관섭은 다시 친해질 수 있을까? 재미나게 읽다 보면 어느새 끝이 보일 거야. **인천부내초등학교 5학년 김단우**

현실 속에서는 불가능한 이야기가 실감 나게 다가왔다. 나도 그럴 수 있다면 좋겠다. 다음 책도 빨리 읽고 싶다. **위례푸른초등학교 5학년 김도헌**

통쾌, 감탄! 가지고 싶은 Q 배지와 작별의 슬픔까지… 부디 짐이 행복하게 잘 살았으면 좋겠다. 책을 읽고 있을 때는 마치 친구들과 함께 여행을 하는 것 같았다. 책을 덮고 나서는 여행을 마치고 무사히 집으로 돌아온 기분이었다. **동자초등학교 5학년 김태헌**

주요 등장인물 중 누구의 시점에서 보아도 재미있고 흥미롭다. 상상력을 발휘하는 것을 좋아하는 이들에게 이 책을 추천한다. **동자초등학교 5학년 손우진**

이 책은 평범하고 따분한 책이 아니다. 정말 상상하지도 못한 요소를 책에 심어 놓았다. 점점 흥미진진해지고 긴장감이 흘러 책을 손에서 놓지 못했다. 암호를 해석하며 적들과 싸우는 장면은 내가 직접 싸우는 것처럼 생생하게 묘사되어 있다. 책을 다 읽고서도 여운이 가시지 않았다. 이 책을 읽는 어린이들은 나와 같은 기분을 느낄 것이다. 이야기가 끝났어도 또 읽고 싶은 그런 마음 말이다. **동자초등학교 5학년 김지희**

흥미진진한 모험을 함께하고 싶다면 『옐로우 큐의 살아있는 지도 박물관』으로 놀러 오세요!
인천부내초등학교 5학년 신소희

이야기의 전개가 재미있고 새롭다. 재미, 모험, 우정이 절묘하게 합쳐져 있다. 그래서 더 관심을 가지고 읽을 수밖에 없었다. **동자초등학교 5학년 함소율**

3년 동안 한 달에 한 번씩 박물관 체험 학습을 다녔다. 그러는 동안 서먹했던 친구들과 정도 들고 아주 친한 사이가 되었다. 주인공 지오의 마음이 이해가 간다. **답십리초등학교 6학년 송요훈**

지도를 배우면서 가장 먼저 기억해야 할 것을 가르쳐 줍니다. 이 책은 우리 어린이들에게 그저 지식을 주입시키려고 재미없게 만들지 않았습니다. 친구의 소중함과 서로 배려하고 존중하는 방법도 깨닫게 합니다. 게다가 이 이야기 속에는 재미있는 이야기가 하나 더 있다는 것을 아시나요? **광남초등학교 5학년 김채영**

추천의 글

『옐로우 큐의 살아있는 지도 박물관』은 기존에 발간된 체험 학습 도서들과는 다릅니다. 박물관의 유물 설명에 머무르지 않고 지도와 관련된 보편적인 이야기와 지식을 다루고 있습니다.

특히 이 책은 아이들이 좋아하는 모험 이야기입니다. 지도 박물관의 가상공간에서 주인공들이 스스로 지도의 암호를 풀며 지도가 무엇인지, 어떻게 읽어야 하는지, 직접 체험하게 함으로써 독자들이 지도에 쉽게 다가갈 수 있도록 도와줍니다.

또 정보 페이지를 별도로 구성하여 재미있는 지도 이야기를 엮었습니다. 오랜 시간에 걸쳐 탐험과 지적 호기심으로 만들어 낸 다양한 지도를 살펴 볼 수 있으며, 지도가 어떻게 만들어지고 활용되었는지, 지도 안에는 어떠한 내용이 포함되었는지를 알 수 있습니다.

초등학생뿐만 아니라 지도에 관심이 있는 어른들도 이 책을 통해 지도를 쉽게 이해할 수 있을 것입니다. 동서양의 고지도부터 현재 지도에 이르기까지 다양한 지도를 소장한 박물관들을 소개했다는 점 역시 이 책만이 갖는 특

징입니다.

지도는 당시의 지리 정보와 역사, 문화, 철학 그리고 과학기술의 수준을 총체적으로 보여줍니다. 우리는 많은 공간에서 지도를 접하지만 지도인지 미처 인식하지 못한 채 스치기도 하고, 지도에 담긴 정보를 어떻게 읽어야 할지 몰라 한편에 미뤄 두기도 합니다. 이 책은 우리가 어떻게 바라보느냐에 따라 지도가 얼마나 다양한 이야기를 들려줄 수 있는지 다시금 생각하게 합니다.

여러분도 『옐로우 큐의 살아있는 지도 박물관』을 통해 지도가 들려주는 다양한 이야기를 찾는 여행을 함께 떠나 보면 어떨까요.

2018년 12월
경희대학교 혜정박물관
선임 학예사 이진형

옐로우 큐와 체험 친구들

옐로우 큐 나는 지도 박물관의 큐레이터예요. 내 심장은 늘 멋진 전시를 위해 쿵쾅거려요. 어린이체험관을 만들기 위해 밤낮으로 공을 들였어요. 지도 위에서 펼쳐지는 짜릿한 모험, 지금부터 시작될 거예요. 정신 바짝 차려요, 이제 출발하니까!

박지오 지도라면 내가 좀 알지. 가장 좋아하는 게 지도냐고? 아니, 장난치는 게 제일 재미 있지. 근데 현아에게 장난을 치다가 되려 어색한 사이가 되어 버렸어. 현아는 나더러 철 좀 들라는데, 철이 든다는게 뭘까? 유쾌한 장난과 불쾌한 장난의 경계는 어디쯤일까? 에휴, 하지만 오늘은 지도 박물관에서 나의 또 다른 모습을 보여 주겠어!

나현아 어른스럽다고? 칭찬 받고 싶어서 그러냐고? 칭찬 받으려고 싫은 걸 억지로 하지는 않아. 지오나 양희처럼 별 생각 없이 놀고 싶을 때도 있지만, 그보다는 언니처럼 빨리 대학생이 되고 싶어.

옐로우 큐

꼬마선원 짐

해적 외다리 실버

우양희 소녀 장사? 그게 뭐 어때서? 힘든 일이 있으면 내가 도와줄 게. 얘들아, 먹는 거 앞에 두고 깨작거리면 못쓴다. 먹어야 힘을 쓰고 생각도 긍정적으로 변하는 거라고. 우리 떡볶이 먹으러 갈래?

노관섭 게임의 세계는 고차원적이지. 뭐, 친구? 친구 있으면 뭐해. 귀찮기만 하지. 빌려 달라, 나와라, 뭐 하자, 아주 성가신 종족들이지. 게임에서 만나는 친구들과도 충분히 즐겁다고.

꼬마선원 짐 선장님, 음흉한 실버와 나쁜 해적들에게 보물을 빼앗길 수는 없어요. 플린트 선장이 숨겨 놓은 보물은 우리가 먼저 찾아야 한다고요.

해적 실버 보물만 찾으면 해적질과도 영원히 굿바이야. 나도 마음씨 예쁜 아가씨랑 알콩달콩 살고 싶다고. 그러니 선장, 빨리 보물지도의 암호를 풀라고! 어서!

차 례

1
지오가 사라졌다

"노관섭, 너! 거기 안 서!"

지오는 관섭을 쫓다가 '섬섬 숲'이라고 쓰여진 안내문에 부딪쳐 넘어졌지만 곧바로 벌떡 일어섰다.

관섭은 체험 학습 내내 눈엣가시처럼 굴었다. 결국 지오는 관섭을 향해 달려들었다. 주먹이라도 한방 날리면 속이 뻥 뚫릴 것 같았다.

"섰다. 어쩔 건데?"

오늘따라 끈질기게 따라붙는 지오를 향해 뒤를 돌아본 순간, 관섭은 화들짝 놀라 몸을 움직일 수 없었다. 관섭은 이내 뒷걸음질치다가 뒤로 벌러덩 넘어져 엉덩방아를 찧고 말았다.

"왜, 겁나냐? 내 주먹, 아직 나가지도 않았다! 엄살떨기는."

"박지오! 너, 너어……"

관섭은 말을 더듬었다.

"흥, 갑자기 꼬리 내리면 누가 봐줄까 봐? 어림없어!"

지오는 놀라 나자빠진 관섭을 보니 가소로워서 코웃음이
나왔다. 그런데 옆에 있던 현아와 양희도 얼빠진 표정으로 지
오를 쳐다보고 있는 게 아닌가!

'뭐지, 이 불길한 예감은?'

지오는 심상치 않은 일이 벌어졌다는 것을 직감했다.

"지오야, 너 이상해!"

현아가 하얗게 질린 얼굴로 말했다.

지오는 그제야 자기 몸을 내려다보았다. 지오의 몸은 지지
직거리는 모니터 화면처럼 흔들리고 있었다.

"어, 내가 왜 이러지?"

지오는 덜컥 겁이 났다.

"지, 지오가…… 사라지고 있어. 으앗! 안 돼!"

양희는 발을 동동 구르다가 보고만 있을 수 없어서 몸을 힘
껏 날려 사라지는 지오를 붙잡으려 했다.

쿵!

양희는 맨바닥으로 떨어졌다. 분명히 지오를 붙잡은 것 같았는데, 지오는 어디에도 보이지 않았다.

"………."

"지오가 사라졌어. 대체 무슨 일이 벌어진 거지?"
현아가 얼이 빠진 채 나지막이 중얼거렸다.

2
미묘한 신경전

3월의 마지막 토요일.

지오는 친구들과 지도 박물관에 있었다. 최초의 지도가 어쩌고저쩌고, 과학의 발달이 이러쿵저러쿵. 노란색 물방울 무늬 원피스를 입은 옐로우 큐는 시종일관 차갑고 어두운 표정이었지만 전시실의 지도를 설명할 때만큼은 열정을 쏟아 냈다.

작년 여름방학에 가족과 유럽 여행을 다녀온 뒤로 지오는 지도의 매력에 푹 빠졌다. 아빠는 지도를 보고 목적지를 찾으면 보드게임을 할 수 있는 쿠폰을 주겠다고 했다. 처음에는 아빠와 보드게임을 할 기회를 얻기 위해 집중하는 척했지만

나중에는 지도를 보고 길을 찾는 것이 흥미로워졌다.

여행을 마치고 돌아온 지오는 그때의 기분에 젖어 동네 지도를 혼자 만들어 보기도 했다. 골목골목을 오가며 직접 그린 지도는 꽤나 그럴싸해 보였다.

지도 박물관의 역사관에는 한반도의 고지도와 세계지도가 전시되어 있었다. 아무 데서나 흔히 볼 수 없는 것들이어서 지오의 흥미를 끌기에 충분했다. 평소의 지오라면 신기한 지도에 정신을 못 차렸어야했다.

하지만 지오는 지도가 눈에 들어오지 않았다. 평상시 친구들과 잘 어울리지 않던 관섭이 오늘따라 현아와 단짝이라도 된 것처럼 붙어 다녀서였다.

"혼자 게임이나 할 것이지, 우리 체험 활동에는 왜 끼어들어 온 거야?"

지오는 뚱하니 부은 얼굴로 투덜거렸다.

1학년 때 같은 반이었던 현아는 지오와 같은 아파트 단지에 살고 있다. 예전에는 놀이터에서 만나 함께 놀았는데, 4학년이 된 후에는 같은 반인데도 지오를 보는 둥 마는 둥 했다.

지오는 그런 현아의 태도에 못내 서운했지만 다시 친해지고 싶은 마음이 더 컸다. 그래서 시작된 장난이었는데……

새 학기 초, 지오는 현아의 의자 위에 장난감 뱀을 슬쩍 올려놓았다. 깜짝 놀란 현아가 괴성을 지를 모습을 상상하며 혼자 실실 웃고 있었다. 하지만 "꽥!" 하고 비명을 지른 사람은 지오였다. 현아가 아무렇지 않게 장난감 뱀을 지오의 얼굴에 휙 던진 것이다. 그러고는 한심하다는 듯 지오를 쳐다보더니 쌩하고 나가 버렸다.

그 후로 현아는 학교에서뿐 아니라 아파트 단지에서 지오를 마주쳐도 그냥 지나쳤다. 이건 정말 지오가 바란 상황이 아니었다. 현아가 눈길을 주지 않으니 말을 걸기도 어색했다.

현아와 다시 친해질 기회를 엿보던 지오는 현아가 박물관 체험 활동을 신청했다는 얘기를 듣자마자 곧바로 뒤따라 신청했다. 운이 좋게도 첫 번째 박물관은 지오가 자신 있는 지도 박물관이었다.

'오호, 지도라면 이 박지오가 좀 알지. 이참에 나의 매력을 한껏 뽐내 주겠어!'

오늘 아침, 지오는 설레는 마음으로 가장 먼저 박물관에 도착했다. 뒤이어 도착한 현아는 여전히 본체만체했지만 지오는 크게 마음 쓰지 않기로 했다. 체험 활동을 마치면 현아를 집에 초대해 함께 놀 생각이었다.

그런데 갑자기 노관섭이 나타나다니! 친구들과 노는 것을 무슨 벌칙쯤으로 여기면서 잘난 척하는 재수 없는 놈. 그런 녀석이 오늘따라 현아의 곁에 내내 붙어 있었다.

지오는 점점 더 심술이 났다.

"쳇, 둘이 학급 회장이다, 이거지!"

지오는 옐로우 큐의 설명은 듣지도 않고 딴생각만 하다가 그만 친구들을 놓치고 말았다. 허둥지둥 역사관을 나오니 중앙홀에서 친구들과 옐로우 큐가 지오를 기다리고 있었다.

"그럼, 박지오가 말해 볼까요? 지도를 보고 우리가 알 수 있는 게 뭔지?"

옐로우 큐는 얼음장 같은 표정으로 뒤늦게 쫓아 온 지오에게 말했다.

"아, 그건……. 땅에 대한 정보를 알 수 있어요. 산과 강의 위치나 땅의 높이와 바다의 깊이 같은 것들이 나와 있거든요."

지오는 머뭇거리다가 현아와 같이 있는 관섭을 보자 대답이 술술 나왔다.

"저는 여행할 때, 그 지역의 관광 지도를 꼭 챙겨요. 맛집이란 맛집은 다 나와 있거든요."

먹는 거라면 깜빡 죽는 소녀 장사 양희가 헤헤거리며 자랑을 했다.

"종이 지도는 이제 필요 없지 않나요? 내비게이션만 있으면 어디든 갈 수 있잖아요."

관섭은 머리 위로 스마트폰을 흔들었다.

"삼촌 차 없이는 아무 데도 못 가는 녀석이 뻐기기는."

지오는 혼잣말을 한 것뿐인데 그 소리가 너무 컸나 보다.

"뭐라고?"

관섭이 눈을 치켜뜨며 지오를 노려보았다.

"아침에 삼촌 차에서 내리는 거 내가 다 봤어. 나야말로 지하철 노선도 보고 여기까지 혼자 찾아왔다고. 왜 이러셔!"

이렇게 된 이상 지오는 질 수 없었다. 고개를 빳빳이 세우고 관섭을 꼬나보았다.

"자, 그만하고, 흠… 우리는 지금까지 역사관에서 다양한 옛날 지도를 봤어요. 각자 느낀 점을 한 가지씩 말해 볼까요?"

옐로우 큐가 둘의 말다툼을 끊고 수업을 이어 나갔다.

"고대 그리스에서 만들었다는 프톨레마이오스의 지도가 지금의 세계 지도와 너무 비슷해서 놀랐어요."

현아가 야무지게 대답했다.

"그래요. 그 옛날, 지구가 둥글다는 것을 알고 좌표를 활용했으니 정말 놀라운 일이죠. 지구상의 대륙을 전부 표현할 순 없었지만 당시의 상황에서 보면 놀라울 정도로 과학적인 지도예요."

"저는 대동여지도가 얼마나 큰지 보고 싶어요."

"아파트 3층 높이만큼 커서 전체 설치가 쉽지 않겠지만 전시가 열리면 꼭 보도록 하세요. 대동여지도는 매우 정확하고 실용적인 지도로 우리나라 보물 중 하나랍니다."

"그런데 옐로우 선생님, 그 동그란… 아! 티오 맵(T-O map)이 지도라는 게 좀 이상해요. 기독교를 믿는 사람들의 생각을 그린 거지, 실제 땅 모양과는 다르잖아요."

지오가 고개를 갸우뚱하며 물었다.

"계속 딴청만 피우는 줄 알았더니, 아예 안 본 선 아닌 모양이네요. 앞으로는 설명도 잘 듣길 바래요. 알겠죠?"

"아, 네."

지오는 멋쩍은 얼굴로 대답했다.

"말씀 중에 죄송한데요, 옐로우 선생님. 화장실 좀 다녀오겠습니다. 뭘 잘못 먹었는지 배가 자꾸만 아파요."

양희가 온몸을 비비 꼬으며 말했다.

"그럼, 잠시 휴식 시간을 갖겠어요. 다음은 어린이 체험관으로 갈 거예요. 주의 사항을 듣고 함께 들어갈 거니까 이곳에 다시 모이도록 합시다. 지오의 궁금증은 어린이 체험관에서 풀어 보도록 하겠어요."

"네!"

양희는 우렁차게 대답을 하고 어느새 화장실 모퉁이를 돌아 총총히 사라졌다.

잠시 후, 옐로우 큐가 지오 앞으로 성큼 다가왔다. 깜짝 놀란 지오는 주춤하고 뒤로 한 발짝 물러섰다.

"이건 앞으로 잘하라는 의미에서 주는 선물!"

옐로우 큐는 자신의 옷에 달려 있던 배지를 빼서 지오의 가슴에 달아 주었다. 노란색 알파벳 'Q' 모양에 하얀색 날개가 달린 앙증맞은 배지였다.

"이건 제 취향이 아닌데요, 저보다
는 현아가 더……."

현아가 배지를 더 좋아할 것 같다고
말하려던 순간, 옐로우 큐의 얼굴이 지오의 귓
가로 바짝 다가왔다.

"어린이 체험관에서는 특별히 조심해. 아까처럼 혼자 뒤처
져 다니다가는 곤란한 일이 일어날 수 있거든."

옐로우 큐의 목소리는 낮고 작아서 오싹한 느낌마저 들었
다. 지오는 얼어붙어 꼼짝할 수 없었다.

곧이어 옐로우 큐는 체험관에서 사용할 큐알(QR) 카드를 가
져 오겠다며 자리를 떴다. 지오의 눈동자가 옐로우 큐를 따라
움직였다. 그러다가 관섭과 눈이 마주쳤는데, 관섭이 지오를
비웃고 있었다. 지오는 눈살을 찌푸리며 얼굴을 종이쪽처럼
구겼다.

관섭은 '어쩔 건데' 하는 눈빛으로 지오를 흘겨보았다. 한바
탕 눈싸움이 시작되었다. 양희가 가뿐한 몸으로 돌아온 후에
도 둘의 눈싸움은 팽팽하게 이어졌다.

"너희, 그러다 눈알 빠지겠어. 여기까지 와서 왜 싸우고 그

래. 그만해."

양희가 걱정스레 한마디 하자, 관섭이 버럭 화를 냈다.

"넌 빠져! 돼지처럼 아무거나 막 먹어 대니까 배탈이 나지.
그 가방 안에 또 뭐가 들었냐? 보나마나 먹을 것만 잔뜩 싸 들
고 왔겠지."

싸움의 불똥이 엉뚱하게도 양희에게 튀었다.

"너희랑 같이 먹으려고 가져온 거지."

양희는 배시시 웃으며 말했다. 평소에도 초콜릿이나 빵, 치
즈 등을 가방에 넉넉히 넣어 갖고 다니는 양희였다.

오늘은 친구들과 나눠 먹으려고 가져온 온갖 간식들로 가방이 더 빵빵했다.

"노관섭! 너 말 함부로 하지 마. 당장 양희한테 사과해!"

지오가 화가 나서 소리쳤지만, 관섭은 지오를 무시하며 돌아섰다.

지오가 관섭의 팔을 거세게 낚아챘다.

"이거 놔!"

"사과하라고!"

"네가 뭔데 이래라저래라야!"

"얘들아, 니 때문에 싸우는 거면 그만해. 나는 괜찮아."

"앙희 넌, 서런 소리를 듣고도 아무렇지 않다는 거야?"

지오는 목소리를 높이다가 돌아온 옐로우 큐와 눈이 딱 마주쳤다.

옐로우 큐는 가볍게 한숨을 내쉬고 지오를 향해 다가갔다. 그러고는 단단히 굳어 있는 지오의 목에 QR 카드를 걸어 주었다. 다른 아이들에게도 차례로 QR 카드를 걸어 준 옐로우 큐는 양쪽으로 공처럼 동그랗게 묶은 머리를 살짝 매만지고는 말했다.

"여러분, 어린이 체험관에서는 반드시 주의할 것이 있어요. 목에 걸고 있는 QR 카드가 점검 중인 코드 인식기에 닿지 않도록 조심해야 해요. 살짝 스치는 것도 안 됩니다. 잘못하면 다른 세계로 넘어가 버릴 수 있거든요."

"에이, 우리 같은 아이들한테 그런 무시무시한 농담을 하시다니 너무 하세요."

지오는 좀 전의 일은 까맣게 잊은 듯 말장난을 걸었다.

옐로우 큐는 입술을 앙다물고 지오를 묵묵히 쳐다보았다.

아이들이 어린이 체험관 앞에 이르자, 문이 스르륵 자동으로 열렸다. 체험관의 입구는 파도가 치는 항구 같았고, 안쪽

에는 돛대를 높게 세운 거대한 함선 모형 한 척이 곧 출발할
것처럼 서 있었다.

"우아, 멋지다! 배에 올라가 봐도 돼요?"

"그럼요. 다들 조심해서 둘러보고 망루 아래로 모이세요."

옐로우 큐의 말이 떨어지기 무섭게 관섭이 계단에 발을 디
뎠다. 뒤지기 싫은 지오가 잽싸게 한쪽 발을 관섭의 발 옆에
나란히 놓았다. 두 명이 동시에 오르기에는 비좁은 계단인데
도 관섭과 지오는 서로 먼저 가겠다고 어깨를 비비적거리며
계단을 올라갔다.

지오가 팔꿈치로 관섭을 밀치고 갑판 위에 먼저 올라섰다.

"으악!"

관섭은 난간을 가까스로 붙잡아 위험을 피했지만 하마터면
계단 아래로 구를 뻔했다. 단단히 화가 난 관섭은 계단을 뛰
어 올라가 지오의 어깨를 붙잡았다. 누가 먼저랄 것도 없었다.
지오와 관섭은 서로 뒤엉켜 갑판 바닥에서 엎치락뒤치락하며
몸싸움을 벌였다.

"너희, 오늘 정말 왜 이러는 거야. 제발 그만 둬!"

"옐로우 선생님이 올라오고 있단 말이야!"

여자아이들의 말에 지오는 관섭에게서 떨어졌다.

"쳇! 너 이따 보자."

"네가 이따 보자고 하면 그만이냐!"

관섭은 옷을 털고 있는 지오의 가슴팍을 주먹으로 밀쳤다.

지오는 중심을 잃고 비틀댔다. 그 바람에 목에 걸고 있는 QR 카드가 전시대에 닿았고 코드 인식기에서 노란 불빛이 번쩍거렸다. 항해키 앞에 설치된 QR코드 인식기에 '점검 중'이라는 안내문이 붙어 있었나.

옐로우 큐가 갑판 위로 올라왔을 때에는 이미 모든 상황이
끝난 후였다.

"선생님, 지오가 사… 사라졌어요. 제가 이렇게 막 잡으려고
했는데 순식간에 확 사라졌어요."

용감하게 몸을 날렸던 양희가 울먹이며 말했다.

친구들이 언제부터 지도를 사용하게 되었는지 궁금해하는군.
시기는 정확하지 않지만 그때를 상상해 볼 수는 있어.

처음 지도를 그린 이야기

1) 구석기 동굴에서 발견된 돌에 새긴 지도

인류는 문자가 발명되기 전부터 지도를 만들어 사용했어. 다음의 사진은
약 13,660년 전의 것으로 보이는 손바닥 크기의 돌로 1994년 스페인의
아바운츠 동굴에서 발견되었어.

이 돌에는 주변의 길과 산, 강 그리고 사슴같이 생긴 동물이 새겨져 있었
어. 학자들은 생각했지. '동굴 생활을 하던 구석기인들이 왜 이런 그림을
돌에 새겨놓았을까?' 이런 학자는 사냥에 성공하기 위해 주변을 살 파악
하려고 그린 지도라고 했어. 사냥하고 돌아올 때 길을 잃지 않기 위해 또
는 먹을거리가 있는 곳이나 식량을 저장해둔 곳을 표시해두기 위해 그린
지도라고 말했지. 종이가 발명되기 전이라 주변의 흔한 돌에 새긴 것이
지. 만일 이것이 사실이라면 이 지도는 알려진 것 중 가장 오래된 지도야.
하지만 어떤 학자는 당시의 인류는 주변 환경을 잘 알고 있었기 때문에
굳이 지도가 필요하지 않았을 거라고 했어. 그들은 이것이 단순한 그림일
거라고 말했지.

어떤 말이 사실일까? 너무 오래된 유물이라서 정확한 사실은 알 수 없지
만 우리는 돌 위에 새겨진 그림을 살펴보면서 이 그림이 그려진 당시 어
떤 일이 있었는지 상상해 볼 수 있어. 구석기인들은 왜 이런 그림을 그렸
을까?

<스페인 아바운츠 지도> 출처 : University of Alicante

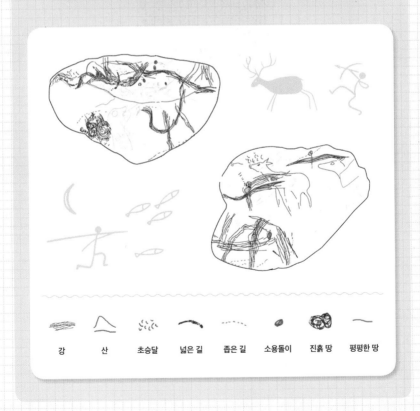

| 강 | 산 | 초승달 | 넓은 길 | 좁은 길 | 소용돌이 | 진흙 땅 | 평평한 땅 |

2) 세계를 그린 최초의 점토판 지도

점토판에 새겨진 이 지도가 지금까지 전해지는 세계지도 중 가장 오래
된 것으로 평가받고 있어. 고대 바빌로니아의 유물 중에는 점토판에 그
려진 지도가 상당히 많아. 파피루스 문서들은 부식되었지만 점토판은 부
식되지 않았기 때문이야.

문자

문자

지도

바다 건너 미지의 세계

도시 바빌론

이웃 도시들

원반 모양의 땅

바다

<고대 바빌로니아 점토판 지도> 기원전 6세기 경

점토판의 위쪽에는 설형문자를, 아래쪽에는 지도를 새겼어. 바빌로니아
인들은 세계는 평평하게 생겼으며, 땅과 바다로 이루어져 있다고 여겼어.
위의 사진을 봐. 원반 모양의 땅이 있고 그 바깥으로 고리 같은 바다가 땅
을 둘러싸고 있지. 바다 바깥쪽에 뾰족한 삼각형이 보이니? 바빌로니아
인들이 생각하는 미지의 세계야. 그들은 자신들이 경험한 세계 외에 다
른 세계가 바다 저쪽에 있다고 믿었지.

파피루스는 갈대와 비슷하게 생긴 식물입니다.
고대에는 이 파피루스 풀줄기를 엮어 종이 대신 사용했어요.
파피루스로 만든 종이와 문서 모두를 파피루스라고 해요.

스페인 아바운츠 지도 상상

초승달이 뜬 밤, 한 원시 소년이 숲에 혼자 나와 있었어. 그런데 사슴이 무리지어 있는 거야. 아빠와 사냥 준비를 해서 다시 와야겠다고 생각했지. 집으로 돌아가려는데 다시 올 때 아무래도 길을 헤맬 것 같아. 마침 옆에 돌이 있네. 날카로운 돌칼도 주머니에 있고. 소년은 지도를 그리기 시작했어. 그리고 그 돌을 들고 가족이 머무는 동굴로 돌아왔지. 어때? 소용돌이 같은 위험한 곳과 평탄한 길도 표시해 뒀으니 다시 아빠와 사냥에 나섰을 때는 헤매지 않고 쉽게 길을 찾아서 사냥에도 성공했겠지.

여러분도 아바운츠 지도를 보고 재미있는 이야기를 마음껏 상상해 보세요!

_____

_____

_____

_____

_____

_____

_____

_____

3
살아 있는 박물관

옐로우 큐는 말없이 공 머리를 쥐었다 놨다 반복하며 생각에 골몰했다. 옐로우 큐가 이쪽 끝에서 저쪽 끝으로 움직일 때마다 노란 치맛자락에서 사부작사부작 바람이 일었다.

한동안 서성이던 옐로우 큐가 걸음을 멈추고 아이들을 바라보았다.

현아는 잘못한 것도 없이 고개가 절로 숙어졌다. 평소에도 지오의 장난 때문에 골치 아플 때가 많았다. 쉬는 시간에 책이라도 보고 있으면 지오는 책상을 흔들며 방해했고, 의자 위에 징그러운 장난감을 올려놓거나 학용품을 몰래 숨겨 놓기도 했다.

한번은 지오의 장난을 받아 주었더니 더 유치한 장난을 쳤
다. '반응을 하지 않으면 지쳐서라도 관두겠지.' 현아는 지오
를 아예 모른 척했다.

박물관 앞에서 만난 지오는 웬일로 얌전해서 오늘은 말썽
없이 넘어가겠구나 싶었다. 관섭과 다투다가 사라져 버릴 거
라고는 상상조차 못했다.

옐로우 큐와 마주진 관섭은 금세 울상이 되었다. '귀찮은 일에 엮이는 게 싫어서 친구도 안 사귀었는데, 이런 일에 말려들다니.' 싸운 건 잘못이지만 지오가 사라진 게 자신 때문이라는 생각은 하고 싶지 않았다.

"옐로우 선생님. 지오는 어디로 사라진 걸까요?"

양희가 손을 들고 조심스럽게 물었다.

"글쎄, 어디에 있을까요? 혼자 낯선 곳을 헤매면서 잔뜩 겁먹고 있을지도 모르죠."

옐로우 큐는 그제야 말문을 열었다.

"지오가 어디에 있는지 모르시는 거예요?"

현아가 놀란 토끼 눈을 하며 물었다.

"흠, 아무래도 여러분이 지오를 데려와야겠어요."

"네? 아, 저는 삼촌이 곧 데리러 올 거라서요."

관섭은 저도 모르게 이맛살을 찌푸렸다. 박물관 체험 활동 따위는 처음부터 하고 싶지 않았다. 관섭의 의견은 물어보지도 않고 엄마가 마음대로 신청한 것이다. 롤플레잉 게임이나 레이싱 게임 같은 것이 있다면 모를까 체험 활동은 영 지루하고 귀찮았다.

엄마는 토요일인데도 회사에 출근하면서 삼촌에게 관섭을 데려다주라고 부탁했고, 삼촌은 체험 활동을 빼먹으려는 관섭에게 다녀오면 함께 게임을 해 주겠다고 약속했다.

"관섭이는 친구가 낯선 곳에서 헤매고 있어도 상관없다는 건가요?"

"저 때문이 아니에요. 지오가 먼저 시비를 걸었단 말이에요."

"도와주려고 했는데 유령처럼 손에 잡히지 않았어요."

"이참에 고생 좀 하고 나면 정신을 차리겠죠."

아이들은 돌아가며 제각각 한마디씩 했다.

"그래서 다들…… 지오를 내버려 두겠다는 건가요?"

"경찰에 신고해요. 이런 일은 경찰이 해결해야 할 일이잖아요!"

관섭이 인상을 쓰며 투덜거렸다.

"그렇게 할 수 있는 일이면 벌써 했겠죠. 이 사건은 어린이만 해결할 수 있어요."

"그런 게 어디 있어요?"

"저대로 두면 지오는 어디선가 혼자 영원히 떠돌게 될지도 몰라요."

아이들은 무서워서 말문이 막혔다.

"제가 갈게요, 지오 데리러."

양희가 용감하게 나섰다.

"좋아요. 다른 친구들은?"

"……."

"여긴 고작 몇 분이 지났을 뿐이지만, 지오가 있는 곳의 시간은 이곳과 달라요. 여러분이 망설이면 망설일수록 지오를 찾는 일은 더 힘들고 어려워져요."

"지오는 우리가 찾는 게 맞는 것 같아요."

현아가 숨을 모아 크게 내쉬고는 말했다.

옐로우 큐의 시선이 관섭을 향했다. 현아와 양희도 '제발 함께 가자'는 눈빛으로 관섭을 바라보았다.

"에잇, 가면 되잖아요!"

관섭은 친구들의 간절한 눈빛에 떠밀려 마지못해 대답했다.

"그럼, 이제부터 지오가 어디에 있는지 찾아볼까요?"

옐로우 큐는 망루 아래 기다란 망원경이 있는 곳으로 아이들을 데려갔다.

양희가 가장 먼저 망원경을 들여다보았다. 시퍼런 바다가 양희의 눈앞에 불쑥 나타났다.

체험관이 아닌 또 다른 공간이 망원경 저쪽에 펼쳐져 있었다. 거센 폭풍우가 치는 드넓은 바다였다. 양희는 자기 키보다 몇 배는 높은 파도가 자신을 향해 달려드는 것 같아 깜짝 놀랐다. 애니메이션도, 3D 영상도 아니었다. 바다는 현실처럼 생생했다.

"저 험한 바다에 지오가 있나요? 벌써 빠져 죽었으면 어떡해요?"

그때 돛을 단 거대한 배 한 척이 망원경 안으로 들어왔다. 체험관에 있는 함선 모형과 똑같이 생긴 배였다. 풍랑이 거센 검은 바다를 가로지르는 배는 곧 뒤집힐 것처럼 위태롭게 흔들렸다.

양희는 망원경에서 눈을 떼지 못했다. 무서웠지만 지오를 찾아야 한다는 생각으로 눈에 불을 켰다. 배 안을 살피기 위해 망원경을 확대해 보니 비바람에 휩쓸려 휘청거리는 선원들이 갑판 위에 있었다. 그리고 그곳에 지오가 있었다.

"지오다! 지오가 저기에 있어. 지오야, 나야, 나!"

양희는 지오가 듣기라도 하는 것처럼 크게 소리쳤다.

"어디, 나도 좀 보자."

현아는 급한 마음에 양희가 보던 망원경을 가로채 들여다
보았다. 정말로 그곳에 지오가 있었다. 가게 앞에서 춤을 추
는 바람 인형처럼 풍랑에 몸을 가누지 못해 허우적거렸다.

"아침밥도 못 얻어먹은 애처럼 왜 저래. 장난칠 때는 훨훨
날더니."

현아는 문제를 일으킨 지오가 마음에 들지 않았지만 막상
위험에 빠진 걸 보니 안타까웠다.

"관섭이는 지오가 어쩌고 있는지 보고 싶지 않아요?"

관섭은 아이들 뒤편에서 팔짱을 끼고 서서 고개를 내저었
다. 여자아이들의 반응 때문에 슬며시 궁금해졌지만 굳이 확
인하고 싶지는 않았다.

옐로우 큐가 엄한 눈빛으로 재촉하듯 관섭을 바라보았다.
관섭은 마지못해 쭈뼛쭈뼛 망원경 앞으로 다가갔다.

망원경을 들여다보니 바로 지오가 보였다. 휘몰아치는 비바
람에 쩔쩔매는 지오를 보니 쌤통이지 싶었지만 그것도 잠시,
관섭은 지오를 향해 소리를 지르기 시작했다.

"야, 이 멍청아! 기둥을 붙잡으라고. 그 옆에 기둥 있잖아!"

지오는 관섭의 말을 전혀 듣지 못했다. 관섭은 비틀거리는 지오가 바람에 날려서 바다에 빠질까 봐 애가 탔다. 땀이 찬 손을 바지에 문질러 닦느라 망원경에서 잠시 눈을 뗐다가 다시 망원경을 들여다본 순간, 화들짝 놀라고 말았다.

뺨에 칼자국이 선명한 험상궂은 남자가 망원경 안에서 관섭을 노려보고 있었다. 잠깐 눈이 마주쳤을 뿐인데 관섭은 오스스 소름이 돋았다. 지오가 떨어진 곳은 정말 끔찍했다.

'멍청한 박지오! 재수 없는 박지오!'

관섭은 저곳에 갔다가는 무슨 일을 당할지 모르겠다는 생각에 두려웠다.

"저기…… 다른 아이들에게 부탁하면 안 될까요? 박물관에 다른 어린이도 많던데요."

관섭은 심장이 쿵쾅거렸고 새된 목소리가 저절로 튀어나왔다.

"옐로우 선생님, 얼른 지오에게 보내 주세요. 빨리 도와주지 않으면 죽을지도 몰라요."

겁도 없이 성화를 부리는 양희의 큰 목소리에 관섭의 말은 묻히고 말았다.

"지오를 데려오려면 어떻게 해야 하죠?"

현아도 마음을 먹은 듯 물었다.

"옐로우의 지도가 주는 세 가지 암호를 풀면 돌아올 수 있어요."

"그럼 그 지도를 빨리 주세요!"

현아가 다급히 재촉했다.

"지도는 여기에 없어요. 숨겨 놓은 건 아니니까, 여러분이 갈 그곳에서 찾을 수 있을 거예요. 그리고 여러분이 보게 될 지도를 누가 어떤 목적으로 만들었는지 마지막까지 생각하세요."

"옐로우의 지도라면 선생님이 만든 거잖아요. 지도를 누가 어떤 목적으로 만들었는지 왜 생각해야 하는데요?"

"그 이유는 곧 알게 될 거예요. 자, 그럼 다들 이곳으로. 어서요!"

옐로우 큐는 아이들의 QR 카드를 코드 인식기에 차례로 가져다 댔다. 그러자 바닥 전시대의 가장자리에서 파란빛이 들어오더니 발 아래로 출렁거리는 짙푸른 바다가 나타났다.

겁먹은 아이들은 긴장해서 몸을 잔뜩 움츠렸다.

"자! 이제 힌트를 줄 테니 잘 기억해요."

옐로우 큐는 아이들과 하나하나 눈을 맞추며 당부했다.

"지도를 제대로 읽으려면
만든 사람의 목적을 알아야 해요!"

옐로우 큐의 말이 끝나자마자 체험관 안에 바람 우는 소리가 일었다. 발밑으로 주먹 크기만

한 검은 소용돌이가 생기더니 빙글빙글 돌며 점점 커졌다.

아이들은 순식간에 소용돌이 속으로 빨려 들어갔다.

체험관 안은 아무 일도 없었던 것처럼 고요해졌다. 아이들이 사라진 바닥 전시대 위에는 주인을 잃은 스마트폰만이 덩그러니 놓여 있었다.

옐로우 큐는 알 수 없는 묘한 표정을 지으며 공 머리를 살짝 매만지더니 스마트폰을 주워서 체험관을 나섰다. 그녀가 걸을 때마다 노란 치맛자락이 살랑거리고 노란 구두가 또각또각 경쾌한 소리를 냈다.

이야기와 자료를 모아 그린 지도

누구나 가 보지 않은 세계에 대한 두려움은 있어. 그렇지만 어느 시대에
나 두려움보다 호기심이 더 큰 사람들이 있지. 고대 사람들은 땅과 바다
끝에 무엇이 있는지 알고 싶어 했어. 모험가들은 용기를 내 아무도 가 보
지 않은 땅으로 향했지. 강과 사막을 건너 그들이 가 본 곳은 어디였을
까? 돌아오지 못한 사람들도 있어. 하지만 돌아온 사람들은 그들이 경험
한 세계를 이야기했어. 평범한 사람들은 허풍이라고 웃어 넘겼지만, 그
리스의 학자 프톨레마이오스와 이슬람의 학자 알 이드리시는 모험가들
의 이야기에 귀를 기울였어.

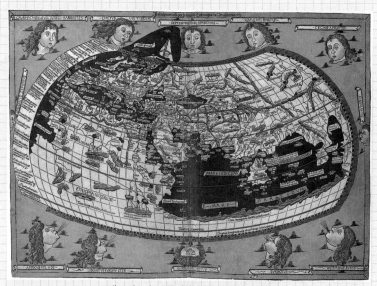

고대 그리스의 <프톨레마이오스의 지도> 15세기

1) 그리스 문명의 〈프톨레마이오스의 지도〉

그리스의 천문학자 프톨레마이오스는 로마의 지배 아래 있던 알렉산드리아 대도서관의 학자였어. 그는 세상을 널리 여행한 상인들의 이야기와 로마의 관리들로부터 얻은 정보를 모아 여덟 권의 『지리학』을 세상에 내놓았어. 책의 원본은 사라졌지만 다행히 이슬람어로 번역된 책이 남아 있었어. 15세기 학자들은 그 책의 내용에 따라 〈프톨레마이오스의 지도〉를 만들었지. 지구가 둥글다는 것이 표현되어 있고, 현대의 지도처럼 '위선'과 '경선'으로 땅과 바다의 위치를 표시 표시해 두었어. 이야기와 정보를 모아 이처럼 과학적인 지도를 만들었다니 놀라울 뿐이야.

땅의 위치를 알려주는 가상의 선 '위선', '경선'

우리나라를 모르는 외국인 친구에게 "대한민국은 북위 33°~ 43°, 동경 124° ~ 132° 사이에 있어."라고 알려 주면 그 친구는 지도를 보고 우리나라를 금방 찾을 수 있어. 지도 제작자들은 어떤 지역의 정확한 위치를 설명하기 위해서 지구 위에 상상의 선, '위선'과 '경선'을 그려 두었어.

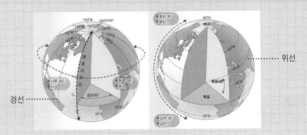

출처 : 에듀넷 티클리어

'위선'은 지구를 반으로 가른 상상의 선으로 '적도'와 평행한 선이야. 적도는 위도 0°지. '경선'은 북쪽과 남쪽을 잇는 세로선이야. 영국의 그리니치 천문대를 지나는 '본초자오선'이 경도 0°야.

2) 이슬람 문명의 〈알 이드리시의 지도〉

알 이드리시는 중세 이슬람의 지도학자야. 당시 이슬람은 고대 그리스의 지식을 이어받아 발달된 과학 문명을 이루고 있었지. 국왕은 알 이드리시에게 정확한 세계지도를 만들라고 명령했어. 알 이드리시는 세계에 관한 이야기 중에서 진실된 정보만을 골라내기 위해 수많은 학자들과 탐험가들을 불러 모아 무려 15년 동안이나 이야기를 수집하고 정리했지. 알 이드리시는 그토록 정성껏 만든 지도를 오랫동안 보존하기 위해 은판에 새겨 놓았어. 하지만 아쉽게도 원본은 남아 있지 않고, 당시 출간된 책의 기록으로 지도가 전해지고 있어.

이슬람의 〈알 이드리시의 세계지도〉 1154년

이게 세계지도라고요? 어디가 어딘지 모르겠어요.

이 지도는 잘못된 지도 같아요. 지도 윗부분이 이상해요.

 〈알 이드리시의 지도〉 윗부분의 글자가 뒤집혀 있다는 것을 친구들이 발견하면 성공이야. 그러면 이 지도를 바로 놓고 중세 시대의 '생각을 그린 지도'에 대해 이야기를 시작할 수 있지.

세계지도에 담긴 서로 다른 생각

1) 남반구가 위쪽에 그려진 중세 지도

우리가 흔히 보는 세계지도와 많이 다르지? 맞아. 남과 북의 위치가 달라. 사람들은 오래전부터 자신들이 생각하는 중요한 방향을 지도의 위쪽에 그려 넣었어.

이 지도는 이슬람 문명에서 그려진 지도야. 이슬람 세계에서 중요한 방향은 남쪽이야. 이슬람교도들은 메카의 카바 신전을 향해 기도하지만 방향을 알 수 없을 때는 신성한 남쪽을 향하여 절을 하지. 이슬람의 지도들은 대부분 남쪽이 지도의 위에 놓여.

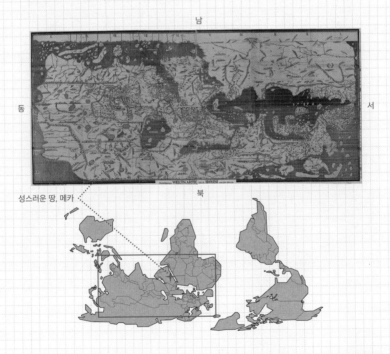

〈알 이드리시의 지도〉에는 아시아, 유럽, 아프리카 대륙만 그려져 있지.
당시에는 아메리카 대륙과 남반구의 땅들이 존재한다는 사실을 알지 못했어.

2) 남반구가 위쪽에 그려진 현대 지도

1970년 오스트레일리아에 사는 12살 소년이 지도 그리기 숙제를 했어. 그 소년은 평소 보아 오던 지도와 다르게 자신의 나라 오스트레일리아가 있는 남반구가 위쪽인 지도를 그렸지. 선생님은 그 지도가 거꾸로 되어 잘못된 지도라고 생각했는지 다시 그려 오라고 했대.

세월이 흘러 21살이 된 그는 남반구가 위쪽인 지도를 다시 그려 완성했어. 그리고 지도 위에 '오스트레일리아가 북반구의 이웃 국가들 위에 우뚝 섰다'라고 적었지. 지구는 둥그니까 북반구가 위쪽에 그려진 지도만 옳은 지도는 아니잖아. 지도를 그릴 때 어디를 중심에 놓느냐, 어느 방향을 위로 놓고 그리느냐는 지도를 만드는 사람의 생각에 따라 달라질 수 있어.

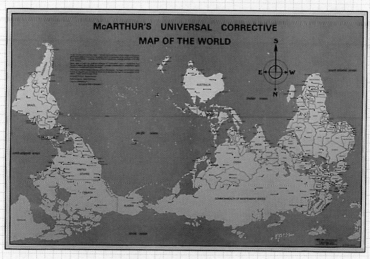

<맥아더 개정 범세계 지도> 1979년

중세 시대나 지금이나 땅과 바다의 모양이 크게 변한 건 아니니까
지도는 다 비슷할 거라고 생각하지? 그렇지만 중세 시대의 '티오 맵'을
보면 깜짝 놀랄걸. 분명히 "이것도 지도예요?"라고 물어보겠지?

3) 티오 맵(T-O Map), 성경 말씀을 담은 지도

중세 시대 유럽에서는 기독교가 세상을 지배했어. 과학적 사실보다 종교
적 믿음이 훨씬 중요했지. 중세의 지도 제작자들은 고대 바빌로니아의
세계지도를 이어받아서 기독교 성서의 내용으로 지도를 설명했어. 'O'자
모양의 바다로 둘러싸인 원반 모양의 땅에 'T'자 모양으로 강을 표현해
서 '티오 맵(T-O map)'이라고도 하지.

티오 맵에서 설명하는 성서의 내용

1. 성스러운 도시 예루살렘이 세계의 중심이다.
2. 지도 한가운데에 'T'자 모양의 바다와 강이 있다.
3. T자의 강과 바다 주변으로 나뉜 세 개의 큰 땅이
   있다. 구약 성서에서 노아의 세 아들이 퍼져 나간
   아시아, 아프리카, 유럽 땅을 상징한다.
4. 아담과 이브의 동쪽의 낙원 에덴을 위쪽에 그린다.

\<티오 맵(T-O Map)\>

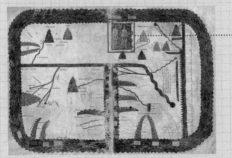

\<헤로나 베아투스 세계지도\> 975년 경희대 혜정박물관 소장

아담과 이브의 동쪽 낙원

4
다시 만난 친구들

"위험한 폭풍우가 지나갔으니 한시름 놓으셔도 될 것 같습니다, 선장님. 오늘 식사는 오리 통구이로 준비했습니다. 느시고 기운 내서 또 힘차게 항해를 하셔야죠."

"힘차게! 힘차게!"

앵무새가 요리사의 말을 따라했다.

"조용! 선장님 식사하시는데 시끄럽게 굴지 말라니까."

어깨에 앵무새를 앉힌 요리사는 가볍게 고개 인사를 하고는 문으로 향했다. 요리사의 한쪽 다리는 허벅지 밑에서 뭉뚝하게 잘려 목발에 몸을 지탱하고 있었다.

"나와 함께 여기서 식사를 하면 어때요?"

"아닙니다, 선장님. 저는 선원들과 같이 먹겠습니다."

외다리 요리사는 예의바르고 정중하게 말했다.

"그래요, 그럼. 오늘만큼은 다들 배불리 먹을 수 있게 부탁해요. 폭풍우와 싸우느라 힘들었을 거예요."

"참으로 너그러운 분입니다, 선장님은. 제게도 늘 친절하시고요. 맛있게 드십시오."

외다리 요리사는 앵무새와 함께 선장실을 나갔다. 걸을 때마다 그의 목발이 둔탁한 소리를 쏟아 냈다.

선장실에는 선장, 아니 지오만 홀로 남았다. 선원들과 함께 거센 폭풍우를 이겨 내고 나니, 지오는 자신이 히스파니올라호의 선장이라는 사실이 실감 났다. 자신의 지시와 명령에 따라 움직이는 선원들이 사뭇 신기했다.

지오는 오리고기 한 점을 우물거렸다. 그동안 폭풍우와 싸우느라 정신이 하나도 없었는데 이제 한숨 돌리고 나니 친구들이 떠올랐다.

"딱딱한 바닥에 미끄러졌으니 양희 무릎이 다 깨졌을 거야. 노관섭, 이 자식은 내가 없어졌으니 고소해할 테고……. 현아는 내 걱정을 하고 있을까?"

지오의 기분은 끝없이 가라앉았다. 편의점에서 파는 달콤하고 시원한 음료수가 생각났지만 이곳에 그런 게 있을 리 없었다.

"사과나 먹어야겠다."

지오는 갑판에 있던 사과 통을 기억해 내고는 테이블 위의 선장 모자를 집어 들며 일어섰다.

뱃머리 갑판에는 선원 몇 명이 모여 있었는데 신나게 떠들어 대느라 지오가 갑판으로 나온 것을 눈치채지 못했다.

지오는 선원들의 휴식을 방해하고 싶지 않아서 사과 통이 있는 곳으로 조용히 발걸음을 옮겼다. 통 안에는 사과 한 개만이 달랑 남아 있었다. 허리를 굽히고 팔을 쭉 뻗었지만 통이 너무 크고 깊어서 손에 닿지 않았다. 지오가 커다란 통에 몸을 반쯤 넣고 사과를 꺼내려고 버둥거리던 그때였다.

"보물을 찾은 다음에는 어떻게 할까?"

"어떻게 하긴, 선장을 없애고 우리가 이 배를 차지하는 거지."

지오는 선원들이 쑤군대는 소리에 멈칫했다. 잘못 들었나 싶었지만 분위기가 심상치 않아서 얼른 사과 통에 들어가 몸을 숨겼다. 지오는 사과 통 바닥에 납작 웅크리고 앉아서 선원들의 대화에 귀를 기울였다.

"죽은 플린트 선장이 숨겨 놓은 보물 지도를 누군가는 갖고 있을 거라고 생각했어."

"이봐, 난 히스파니올라호에서 선원을 모집할 때부터 눈치 채고 있었다고."

"헤헤, 항구를 떠난 날부터 플린트의 보물을 찾을 생각에 어찌나 잠을 설쳤나 몰라."

"우리가 모두 해적이란 걸 알면 선장의 표정이 어떻게 변할 지 궁금하군."

"크흐흐흐."

지오의 심장이 마구 쿵쾅거리기 시작했다. 그 소리가 어찌 나 큰지 자신이 엿듣고 있다는 걸 해적들이 알아챌까봐 걱정 스러울 정도였다.

"그나저나 보물을 손에 넣고 나면 선장은 어떻게 처리하지? 바다에 던져 버릴까?"

"선장은 살려 둬야지."

"아니, 왜?"

"선장만큼 항해를 잘하는 사람이 있나? 보물을 손에 넣어 도 이 드넓은 바다를 벗어나지 못하면 말짱 헛일이야."

"오호, 그 생각을 못 했네. 역시 실버야. 선장은 살려 두자고. 으하하하!"

"하하하! 하하하!"

앵무새가 해적들의 웃음소리를 따라했다.

지오는 해적들과 실버가 한패라는 사실에 등줄기에서 식은 땀이 주르르 흘러내렸다.

"아니야, 실버는 해적이 아닐 거야. 지금도 날 살려 두자고 하잖아."

혼잣말을 중얼거리던 지오는 자신의 입을 급히 틀어막았다. 실버의 목발 소리가 사과 통 가까이서 들려왔다. 지오는 사과 통 바닥에 더욱 납작 엎드렸다.

"선장은 우리가 해적이란 것을 아직 모르니 다들 입조심 하도록!"

"네, 실버!"

"선장의 허락도 떨어졌으니, 이제 술이나 진탕 마셔 볼까."

실버를 믿고 싶었던 지오의 마음은 금세 허물어졌다. 해적들의 발소리가 사라지고 실버의 목발 소리도 점점 멀어졌다.

갑판은 어느 때보다 조용했다. 지오는 충격에 빠져 사과 통 밖으로 나갈 엄두도 내지 못했다. 그토록 친절하던 실버가 해적들의 우두머리였다니, 좀처럼 믿기지 않았다.

'괜히 관섭이 녀석과 싸워서 이 꼴이 뭐람. 벌 받은 거야.'

지오는 눈물이 찔끔났다. '박물관으로 돌아가고 싶어. 어떻게 하면 돌아갈 수 있을까?' 너무나 간절히 그 방법을 알고 싶었다.

그때, 사과 통 안으로 검은 그림자가 드리워졌다. 당황한 지오는 내쉬던 숨을 헉, 들이켰다. 숨에 사레가 들어 딸꾹질이 나왔다.

"다신 안 싸울게요, 딸꾹! 장난도 안 칠게요, 딸꾹! 제발 한 번만 살려 주세요, 딸꾹!"

지오는 무릎을 꿇어 머리를 사과 통 바닥에 대고 손은 머리 위로 올린 채 싹싹 빌었다.

"야, 박지오! 너 여기서 뭐해?"

현아의 목소리가 들려왔다.

"아니야. 잘못 들은 걸 거야. 현아가 여기에 있을 리 없어. 무
서워서 이제 헛소리까지 들리네. 헉! 설마 귀신인가?"

지오는 양손으로 귀를 막고 도리질을 치며 횡설수설했다.

"쳇! 무서워서 숨어 있는 거잖아. 보면 몰라? 창피해서 나오
지도 못하고."

이번에는 관섭의 목소리다. 지오는 긴가민가하여 사과 통
입구를 올려다보았다.

눈을 동그랗게 뜬 현아가 보였다. 그 옆으로 해맑게 웃고 있
는 양희와 한심하다는 듯 내려다보는 관섭도 보였다.

"어? 아니네, 잘못 들은 게 아니었어!"

지오는 저도 모르게 감격해 눈물이 핑 돌았다.

"참나! 이런 곳에 꽁꽁 숨은 줄도 모르고 엉뚱한 곳만 열심
히 찾아다녔잖아."

관섭이 짜증을 내는데도 지오는 반가워서 히죽히죽 웃음
만 나왔다.

"지오야, 무사해서 정말 다행이야."

"쉿!"

지오는 양희의 입술에 집게손가락을 얹었다.

"왜?"

현아가 덩달아 목소리를 낮추며 물었다.

"왜?"

양희는 손등으로 입술을 닦아 내며 현아를 따라 물었다.

"다른 곳으로 가서 얘기하자. 여긴 위험해."

친구들과 선장실 안으로 들어온 지오는 얼른 문을 잠그고 가슴을 쓸어내렸다. 그런 지오를 친구들은 빤히 바라보았다. 지오는 그제야 친구들에게 달려들어 얼싸안고 호들갑을 떨었다. 현아와 양희는 물론이고, 눈엣가시 같던 관섭도 마냥 반갑기만 했다.

지오는 그동안 자신이 겪은 일을 친구들에게 들려주었다.

"그래서 정신을 차려 보니 이 배의 갑판 위였고, 여기 있는 사람들이 모두 널 '선장님, 선장님,' 하고 불렀다는 거야?"

관섭이 믿기지 않는다는 듯이 물었다.

"진짜라니까!"

"네가 선장이라는 게 말이 돼. 너 같으면 믿겠냐?"

지오는 관섭이 자꾸 놀리자 다시 울컥하는 마음이 일었다. 그때 누군가 선장실의 문을 급하게 두드렸다.

지오는 열쇠 구멍에 한쪽 눈을 대고 누군지 확인하고서야 문을 열어 주었다.

"선장님, 큰일 났습니다!"

한 아이가 숨을 헐떡거리며 들어서더니 다급히 소리쳤다.

"얘들아, 방금 들었어? 이 꼬마가 지오한테 선장님이래. 진짠가 봐."

관섭은 여전히 믿지 못하는 눈치였다.

"비웃고 싶으면 얼마든지 비웃어라. 선장이 아니라고 몇 번을 말해도 선원들은 내가 장난치는 줄로만 알거든."

"박지오가 장난꾸러기인 걸 이 배에 있는 사람들도 다 아는 모양이네."

현아는 피식 웃으며 말했다.

"선장님, 지금 이러고 있을 때가 아닙니다. 큰일이 났다니까요!"

"짐, 인사 먼저 해. 여긴 내 친구들이야. 이쪽은 나의 똑똑한 꼬마 선원 짐."

지오는 초조해하는 짐에게 친구들을 소개했다.

"나는 소녀 장사 우양희. 힘쓸 일 있으면 누나가 도와줄게."

"나는 나현아. 만나서 반가워. 그런데 큰일이란 게 대체 뭐야?"

"요리사 실버랑 선원들이 몽땅 해적이라고요. 실버가 예전에 군인이었다는 것도, 전쟁에서 다리를 잃었다는 것도 다 거짓말이에요. 우리가 플린트의 보물을 찾아 떠난다는 것을 어떻게 알았는지, 실버랑 해적들이 선원인 것처럼 꾸며서 이 배에 탄 거였어요. 그동안 우리가 감쪽같이 속았다고요."

"나도 알아. 짐."

지오는 울상이 되어 말했다.

"네? 선장님도 아신다고요?"

"응. 좀 전에 갑판에서 그들이 하는 말을 다 들었거든. 짐은 어떻게 안 거야?"

"식당 구석에서 저녁에 쓸 양파를 까고 있었는데, 느닷없이 보물 지도 이야기가 들려왔어요. 보물 지도를 아는 선원은 없잖아요. 재빨리 양파 통 뒤로 숨어서 해적들의 이야기를 엿들었지요."

"해적들은 지금 뭘 하고 있지?"

"술을 잔뜩 마시고는 다들 곯아떨어졌어요. 이제 어쩌죠, 선장님?"

"보물은 뭐고, 해적은 또 뭐야? 어쨌든 우리랑은 상관없잖아. 지오를 찾았으니까 이제 그만 돌아가자. 여기는 냄새나고 지저분해서 잠시도 못 있겠어."

관섭은 지오가 진짜 선장이라도 된 것처럼 진지하게 꼬마와 대화하는 것이 못마땅했다.

"배에 해적들이 우글거리는데 이런 꼬마를 두고 우리만 가자고? 말도 안 돼."

양희가 측은한 눈길로 짐을 바라보았다.

"어차피 가고 싶다고 우리 맘대로 갈 수 있는 게 아니야. 옐로우 선생님이 말한 지도를 찾아서 암호를 풀어야만 돌아갈 수 있다고."

현아는 차분하게 말했다.

"지도? 지도라면 저 상자 안에 가득 있는데."

지오는 선장실 구석에 뚜껑이 열린 채로 있는 커다란 나무 상자를 가리켰다.

엘로우의 수업노트 · 03

친구들이 협력해서 지도의 암호를 잘 풀어 나갔으면 좋겠어.
협력이 얼마나 중요한지 〈대동여지도〉로 말해 줘야지!

우리나라 최고의 고지도, 〈대동여지도〉

1) 크고 정확한 지도

조선의 왕과 관리들은 나라를 지키고 바르게 다스리기 위해서는 국가의 지리를 잘 알아야 한다고 생각했어. 고산자 김정호의 〈대동여지도〉는 그러한 뜻을 제대로 담은 우리나라의 옛 지도야. 크기가 무려 남북으로 7m, 동서로 3m로 어마어마하게 크고 게다가 매우 정확한 지도지. 조선은 예로부터 중국의 동쪽에 있는 큰 나라, '대동(大東)'이라 불렸어. '여지(輿地)'는 '세상 만물을 싣고 있는 수레 같은 땅'이란 뜻이야. 〈대동여지도〉는 '동쪽에 있는 큰 나라의 땅을 그린 지도'라는 것이지.

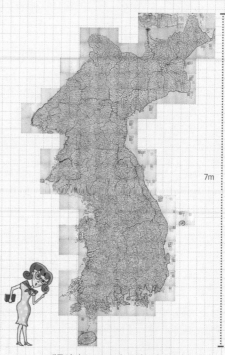

7m

〈대동여지도〉 1861년, 국립중앙박물관 소장

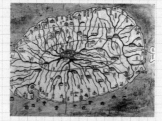

〈대동여지도(제주도부분)〉 출처: 문화재청

2) 함께 그린 지도

이렇게 훌륭한 지도를 김정호 혼자서 만들었을까? 그렇지 않아. 김정호의 옆에는 그를 도왔던 친구들이 있었어. 조선 후기 실학자 최한기는 어릴 적 친구로 <지구전후도>도 함께 만들었지. 최성환과 신헌은 전국 지도와 각 지방의 군과 현의 지도 등 귀중한 자료들을 구해다 주었어. 당시 조선에는 지도 제작 기술이 축적되어 있었거든. 그런 자료들을 바탕으로 김정호는 <대동여지도>를 만들 수 있었던 거야. 자료를 정리하고 부족한 부분은 직접 발품을 팔아 조사하고 보완해 가며 목판에 조선 땅을 새겼지. 김정호 곁에서 함께 해 준 친구들이 있었기에 조선 최고의 지도가 만들어질 수 있었던 거야.

3) 사용이 편리한 지도

1. 목판에 새겨서 필요할 때는 지도를 얼마든지 찍어 낼 수 있다.
2. 도로의 10리마다 방점을 찍어 거리를 알 수 있다.
3. 22권의 책으로 되어 있어서 가지고 다닐 수 있고 보관도 편리하다.

<대동여지도> 목판, 국립중앙박물관 소장

<대동여지도 (강화도 부분)>

22권의 목판 인쇄본, 국립중앙박물관 소장

지도를 만들 때 거리를 측정하는 장치
장영실의 기리고차

조선 전기의 왕은 혼란한 나라를 잘 통치하기 위해 왕권을 강화해야만 했어. 왕은 이를 위해 지도를 만들라 관청에 명령했지. 이렇게해서 국가의 주도 아래 지도가 많이 만들어졌지. 그런데 넓은 땅의 거리를 어떻게 재서 지도를 만들었을까? 거리를 측정하는 반 자동장치인 '기리고차'를 이용했어. 왕의 명령으로 중국으로 유학을 간 장영실이 중국의 거리 측정 장치를 보고 배워 더 성능이 좋은 우리의 것을 만들었단다.

이전에는 사람의 발걸음 수로 거리를 재서 오차가 많았지만 기리고차의 발명으로 거리를 정확하게 재는 것이 가능해졌어. 기리고차의 원리는 바퀴가 회진하는 횟수에 따리 올리는 종과 북의 소리를 헤아려 거리를 재는 거야. 수레가 1/2리를 가면 종을 한 번 쳐. 수레가 1리를 가면 종이 여러 번 울려. 5리를 가면 북이 한 번 울리고 10리를 가면 북이 여러 번 울리지. 마차 위에 앉아 있는 사람은 종과 북소리의 횟수를 기록하여 간단하게 거리를 측정할 수 있었지.

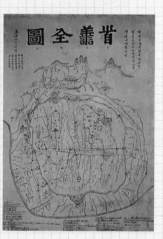

<수선전도> 김정호가 그린 조선 시대 한양 지도 필사본.
기리고차법을 응용하여 서운관과 도화서에서 제작하였다.
출처 : 문화재청

우리 책의 지도를 볼 수 있는 박물관

페이지	지도 이름	전시 현황		소장 박물관
31p	스페인 아바운츠 지도	그래픽	전시	
32p	고대 바빌로니아 점토판 지도	그래픽	전시	
46p	프톨레마이오스 지도	원본	전시	
48p	알 이드리시의 세계지도	복제본	전시	경희대 혜정박물관
51p	헤로나 베아투스 세계지도	원본	전시	
103p	토마스 후드 천문도	원본	전시	
119p	몬테우르바노의 세계지도	그래픽	전시	
66p 67p	대동여지도	목판 인쇄본	전시	국립중앙박물관
		인쇄본	소장	서울역사박물관
		인쇄본	소장	성신여자대학교박물관
		인쇄본	전시	서울대학교 규장각
84p	대한민국전도	원본	전시	국토지리정보원 지도박물관 e뮤지엄 어린이지도여행
102p	천상열차분야지도 태조본, 세종본	석각	전시	국립고궁박물관
102p	천상열차분야지도 숙종본	복각		
120p	신곤여만국전도	복원본	전시	실학박물관
133p	혼일강리역대국도지도	복제본	소장	서울대학교 규장각

* 위 박물관에 전시된 지도는 원본, 복제본, 그래픽으로 전시되어 있음을 알려드립니다.

5
옐로우의 지도

상자 안에는 두루마리 지도가 가득했다.

"후유, 무슨 지도가 이렇게 많담? 옐로우 선생님이 말한 지도도 이 안에 있을까?"

현아는 맨 위에 있는 지도 하나를 꺼내 펼쳤다. 옐로우의 지도가 어떻게 생겼는지 알 수 없지만 이건 확실히 아니었다. 현아는 다른 지도들도 하나씩 꺼내 살펴보았다.

"너희는 돌아가기 싫어? 언제까지 나만 그렇게 멀뚱히 쳐다보고 있을 거야?"

현아의 말에 아이들은 지도 상자에 둘러앉아 저마다 두루마리 지도를 꺼내 확인하기 시작했다.

"이건 세계지도."

"어! 아까 박물관에서 본 프톨레마이오스의 지도다."

"이건 아시아 대륙 지도인가 봐. 그런데 우리나라가 왜 이렇게 크지?"

"이것도 지도인가? 기후도라고 쓰여 있는데."

"이 지도에는 배가 다니는 길이 자세히 표시되어 있어."

상자에서 나온 지도는 선장실 바닥을 뒤덮을 만큼 많았지만 옐로우의 지도같아 보이는 것은 좀처럼 나타나지 않았다.

"얘들아, 아무래도 여기엔 없나 봐."

별 소득 없이 나무 상자가 바닥을 드러내자 아이들은 실망을 감추지 못했다.

"지오야, 이게 다야? 또 없어?"

"마지막으로 한 장이 더 있기는 한데……."

지오는 쓰고 있던 선장 모자를 벗어 들더니 모자 안쪽에서 접혀 있는 노란 종이를 꺼냈다. 종이 뒷면에 알파벳 'Q'가 선명하게 찍혀 있었다. 어두웠던 현아의 얼굴이 금세 밝아졌다.

"선장님, 보물 지도를 아무한테나 보여 주면 어떡해요?"

짐이 당황해하며 지도를 펼치는 지오를 말렸다.

"내 친구들이라고 했잖아. 믿어도 돼."

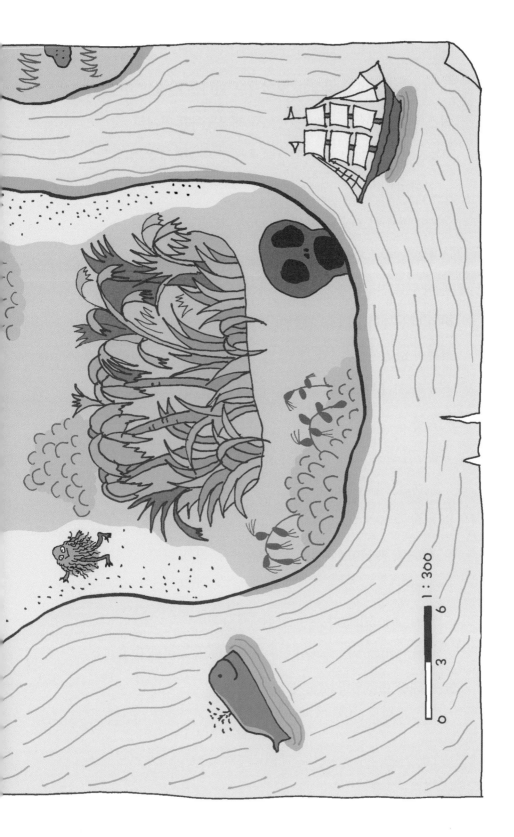

1 : 300

0   3   6

"가만, 이 꼬마가 짐이고, 요리사는 외다리 실버고, 이 배는 히스파니올라호고, 선원들은 모두 해적들이란 거지?"

놀란 현아가 놀란 눈을 동그랗게 뜨고 지오에게 물었다.

"알았다!"

눈이 마주친 지오와 현아는 동시에 외쳤다.

지오는 배에 떨어진 뒤로 정신없는 시간을 보냈다. 폭풍우와 싸우고 친구들과 떨어져 혼자 벌을 받고 있다는 생각과 실버의 배신까지, 지오는 자신이 처한 상황을 제대로 가늠해 볼 겨를이 없었다.

"우린 지금 『보물섬』 이야기 속에 들어와 있는 거야."

"보물섬?"

현아의 말에 관섭과 양희가 한목소리로 물었다.

"그래, 『보물섬』. 해적 플린트가 숨겨 놓은 보물을 찾아 떠난 짐의 모험 이야기."

"갈수록 태산이네. 설마 그 보물을 우리가 찾아 주기라도 해야 한다는 거야?"

관섭은 어이가 없다는 듯 말했다.

"우리가 가진 지도는 보물 지도가 아니야. 우리를 박물관으로 안내할 옐로우의 지도지."

"아니에요. 이건 우리 아버지 여인숙에 묵은 선장이 갖고 있던 보물 지도가 맞아요. 내가 가지고 온걸요."

지오는 지도 뒷면에 찍혀 있는 'Q'를 자세히 살펴보았다. 옐로우 큐가 지오의 가슴에 달아 준 배지의 모양과 똑같았다. 아이들은 옐로우의 지도가 틀림없다고 믿었다.

지오는 모두 볼 수 있도록 탁자 위에 지도를 펼쳤다. 높은 산과 늪지대, 울창한 숲으로 가득한, 사람의 흔적은 찾을 수 없는 무인도의 지도였다. 보물섬 지도 같아 보이기도 했다.

"그런데 옐로우 선생님이 말한 암호는 어디 있어? 박물관도 안 보이고, 우린 속은 거라고."

관섭이 의심 어린 눈초리로 투덜거렸다. 아이들은 말없이 서로의 얼굴만 멀뚱멀뚱 바라보았다.

그때 망루 위에 있던 해적이 외치는 소리가 선장실의 정적을 깼다.

"섬이다, 섬! 섬이 보인다!"

아이들은 바다가 보이는 둥근 창으로 우르르 몰려갔다.

저 멀리 섬이 보였다. 배는 섬의 깎아지른 듯한 해안 절벽을 향해 나아갔다. 가까이 다가가자 해골 바위가 무시무시한 모습을 드러냈다.

창가에 붙어 있던 아이들은 온몸에 소름이 돋았다.

"해적들보다 우리가 먼저 저 섬으로 가는 거야!"

지오는 진지한 표정으로 말했다. 두려움이 앞섰지만 다른 방법은 없었다. 현아는 해골 바위를 노려보며 고개를 끄덕였다. 양희는 가방 끈을 앞으로 당겨 바투 잡았다. 눈치 빠른 짐은 재빠르게 지도와 망원경을 챙기고는 문밖을 살폈다.

"짐도 가려고? 누군가는 배에 있어야 하지 않을까?"

관섭이 눈썹을 찡그리며 말했지만 누구 하나 신경 쓰지 않았다.

"짐, 해적들이 닻을 내리는 동안 보트를 하나 내려 줘. 난 해적들의 관심을 딴 곳으로 돌려 볼게."

"네, 선장님!"

아이들이 갑판으로 나왔다. 닻을 내릴 마땅한 곳을 찾아 배는 해안 절벽의 모퉁이를 돌아서고 있었다. 해골 바위를 벗어나자 섬은 그지없이 평화로워 보였다. 길게 뻗은 모래사장과 그 뒤에 초록빛으로 뒤덮인 숲이 보였다.

실버와 해적들은 뱃머리에 모여 이마에 손을 얹고 목을 길게 뺀 채 섬을 바라보았다.

"보물섬이다! 보물섬!"

해적들은 흥분을 감추지 못했다.

"보물섬! 보물섬!"

앵무새가 망루 주변을 날며 외쳤다.

섬에 가려면 닻을 내린 후 보트를 타고 물을 건너야 했다. 선장인 지오가 해적들에게 닻을 내리게 했다. 짐은 해적들이 들떠 있는 사이, 함선 뒤쪽에 있는 보트 하나를 아무도 눈치 채지 못하게 바다에 띄웠다.

짐은 현아와 양희가 보트에 올라타는 것을 도운 뒤 관섭에게도 손을 내밀었다.

"내가 너보다 형이거든. 보트쯤은 나 혼자서도 얼마든지 탈 수 있다고."

"노관섭, 적당히 해라. 다 같이 힘을 합쳐도 모자랄 판에 자꾸 삐딱하게 굴래?"

"피할 수 없다면 즐겨라! 우리 아빠가 늘 하시는 말씀이야."

"양희 넌, 이 상황이 아주 재미있나 보다?"

"응, 재밌어. 체험 활동 중이잖아. 위험한 상황이 닥치면 옐로우 선생님이 도와 주겠지."

"우리를 이곳에 던져 버린 사람을 믿다니, 너 바보냐? 이건 또 왜 안 가? 빨리 출발하지 않고 뭐해?"

관섭은 보트를 걷어 차며 괜한 짐에게 화풀이를 해댔다.

"선장님! 여기요, 여기."

짐은 헐레벌떡 뛰어오는 지오에게 손짓했다. 실버가 지오의 뒤를 따라오고 있었다.

"지오를 기다린 거면 그렇다고 말을 하든가."

관섭은 창피했는지 바다로 고개를 휙 돌렸다.

지오가 보트에 오르자 짐은 급히 노를 저어 아슬아슬하게 실버를 따돌렸다.

"선장님, 저희도 곧 뒤따라가겠습니다!"

"위험할지 모르니 실버는 선원들과 배를 지키고 있어요. 섬은 우리가 둘러보고 올게요."

지오는 실버를 향해 천연덕스럽게 말했다.

"왜 이렇게 늦게 온 거야?"

함선에서 멀어지자 현아가 지오에게 물었다.

"배에 남아 있는 보트들을 모조리 바다에 띄우려고 했지. 그래야 실버 일당이 우리를 쫓아오지 못하잖아. 마지막 하나만 더 처리하면 되는 건데, 실버가 그 전에 눈치챘지 뭐야."

지오는 분한 듯 씩씩거렸다.

아니나 다를까 실버와 해적들은 지오가 미처 띄우지 못한 보트를 타고 곧바로 아이들의 보트를 뒤쫓아 왔다.

짐만 혼자 노를 저어서는 따라잡힐 게 뻔했다. 관섭은 짐에게 화풀이한 것이 미안해서 노를 함께 젓겠다고 나섰다. 태어나서 처음으로 노를 저어 보는 거였지만 몇 번 해 보니 금세 손에 익었다. 힘껏 노를 젓는 것이 힘들어서 진땀도 났지만 게임을 할 때처럼 아슬아슬하고 재미있었다.

"선장님. 저희랑 같이 가시죠!"

해적의 보트는 어느새 바짝 다가왔다.

"안 되겠다. 나도 함께 노를 저어야겠어."

"박지오, 넌 방향이나 제대로 알려 줘."

지오가 나서자 관섭이 퉁명스럽게 말했다.

"관섭이 말대로 해. 선장한텐 선장이 해야 할 일이 있는 거야. 노는 우리가 저을게."

"힘쓰는 일이라면 소녀 장사 우양희가 빠질 수 없지."

현아와 양희가 노 젓기에 동참했다.

지오의 지휘 아래 아이들은 있는 힘껏 노를 저었다. 건장한 해적들과 겨루기에는 힘이 부쳤지만 다들 열심히 노를 저었다. 지오의 보트와 실버의 보트는 앞서거니 뒤서거니 하며 해안을 향해 나아갔다.

두 보트는 해안가에 거의 동시에 도착했다.

실버는 외다리인데도 가뿐하게 보트에서 뛰어내렸다.

"뭐가 그리 바빠서 저희는 놔 두고 가시는 겁니까, 선장님?
시퍼런 바다만 보다가 오랜만에 육지를 만났는데 저희도 함
께 땅을 밟으면 좋잖아요."

실버가 신이 난 듯 호탕하게 웃었다. 얼굴의 칼자국이 험상
궂게 일그러졌다. 관섭이 망원경으로 봤던 그 얼굴이었다.

관섭은 지오의 등 뒤로 슬쩍 몸을 숨겼다. 그러고는 지오의
옷자락을 잡아당기며 빨리 가자고 재촉했다.

"우리는 섬을 둘러볼 테니까, 실버랑 선원들은 가까이에 식
량이 될 만한 것이 있나 찾아봐요."

"알겠습니다. 선장님, 조심히 다녀오십시오."

실버와 지오는 서로의 속내를 다 들여다
보면서도 겉으로는 능청을 떨었다.

"실버도 조심해요."

지오와 짐, 그리고 아이들은
실버 일당을 피해 해변에서
가까운 숲으로 향했다.

신장실의 지도 상자에 '일반도'와 '주제도'를 골고루 넣어 두었는데
아이들이 잘 비교해 보았을까?

사용 목적에 따라 다른 지도

'일반도'일까? '주제도'일까?

세상에는 지도가 참 많아. 보통 우리가 알고 있는 <세계전도>나 <대한
민국전도>는 기본 지형과 땅 위의 물길, 산길, 도로 등을 표시해 둔 지도
야. 그러나 이런 '일반도' 외에 특정한 목적에 따라서 만든 '주제도'가 있
어. 예를 들면 우리나라의 인구를 조사한 <인구분포도>같은 것이지. 조
선 시대 때는 봉화를 올리는 봉수대의 위치 파악하기 위해서 <조선국 봉
수도>를 만들었어.

<table>
<tr><td align="center">일반도</td><td align="center">주제도</td></tr>
<tr><td>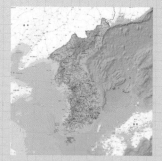</td><td></td></tr>
<tr><td align="center"><대한민국전도> 출처:국토지리정보원</td><td align="center"><2016년 인구분포도> 출처:통계청</td></tr>
</table>

 우리 동네에 문방구만을 골라 지도를 그렸어. '일반도'일까요, '주제도'일까요?

 문방구 위치와 개수를 알리는 거니까, 주제도지.

 맞았어. 이름을 붙여 보자면 <우리 동네 문방구 분포도>가 되겠네.

우리 책의 지도가 만들어진 순서

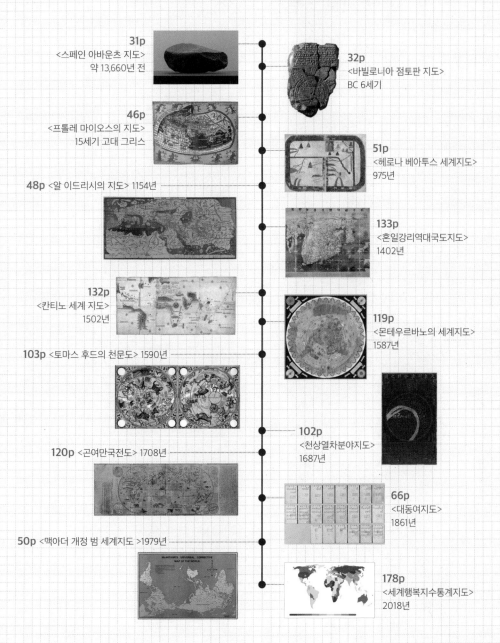

31p
<스페인 아바운츠 지도>
약 13,660년 전

32p
<바빌로니아 점토판 지도>
BC 6세기

46p
<프톨레 마이오스의 지도>
15세기 고대 그리스

51p
<헤로나 베아투스 세계지도>
975년

48p <알 이드리시의 지도> 1154년

133p
<혼일강리역대국도지도>
1402년

132p
<칸티노 세계 지도>
1502년

119p
<몬테우르바노의 세계지도>
1587년

103p <토마스 후드의 천문도> 1590년

102p
<천상열차분야지도>
1687년

120p <곤여만국전도> 1708년

66p
<대동여지도>
1861년

50p <맥아더 개정 범 세계지도 >1979년

178p
<세계행복지수통계지도>
2018년

6
밤하늘의 길잡이별

숲은 나무로 울창했다. 머리 위로는 큰 나무들이 빽빽하게 하늘을 가려 햇빛이 잘 들지 않았다. 나무 아래로는 잡풀이 우거져 걷기도 불편했다.

지오는 풀이 적게 난 곳을 찾아 앞장섰다. 실버 일당을 피해 급한 대로 숲으로 오긴 했지만, 이제 뭘 어떻게 해야 할지 난감했다. 지오의 마음을 들여다보기라도 한 듯 짐이 바지춤 안쪽에서 지도를 꺼내 펼쳤다.

"우리가 있는 곳이 여긴가 봐."

양희가 지도에 표시된 숲을 손가락 끝으로 짚었다.

"어디가 남쪽이고, 어디가 북쪽이지? 방위 표시가 없으니

통 알 수가 없네."

현아가 고개를 갸우뚱했다.

"방위 표시가 없으면 지도를 바로 펼쳤을 때 위쪽이 북쪽이야."

지오가 넓게 펼친 지도를 한 바퀴 돌리고는 지도 위에 손가락으로 4방위표를 그렸다.

"무조건?"

"응. 우리가 평상시 보는 세계지도는 북반구에 사는 사람들이 만든 지도야. 측량기술의 발달로 정확한 세계지도를 만들기 시작했던 북반구의 사람들이 자신의 나라가 위쪽에 있는 세계지도를 만들었거든. 그때부터 북쪽이 위에 있는 지도가 표준으로 굳어진 거지."

"그런 거구나."

지오는 현아가 자신을 달리 보는 것 같아서 으쓱했다.

"선장님, 지도에 뭔가가 나타났어요. 여기요, 여기!"

갑자기 짐이 흥분하며 소리쳤다.

지도에 그려진 바다 위로 작은 섬처럼 보이는 검정 글자가 하나 둘씩 떠오르다가 가라앉기를 반복하더니 의미를 담은 문장을 만들어 냈다.

달섬 서쪽 바다 세상 가장 큰달 잡기

아이들은 글자가 완전히 사라진 후에도 옐로우의 지도에서 눈을 떼지 못했다. 멍하니 지도를 바라보다 뒤늦게 정신이 번쩍 든 아이들은 저마다 한마디씩 했다.

"뭐지? 이게 암호인가?"

"달을 어떻게 잡아? 망했다. 난 포기할래."

"그럼, 이 섬에 살래?"

"일단 서쪽으로 가 보자."

"해가 보이면 방향을 쉽게 찾을 텐데."

지오는 주변을 둘러보았다. 나무가 빽빽하기도 했지만 넓은 잎사귀가 하늘을 가리고 있어서 해를 볼 수 없으니 방향을 찾기가 어려웠다. 집에서 나올 때 나침반을 책상 위에 두고 온 게 떠올라 아쉬웠다.

"스마트폰만 있으면 바로 알 수 있는데……."

관섭도 아쉬운 듯 말했다. 바닥 전시대의 소용돌이로 빠질 때 스마트폰을 떨어뜨렸던 것이다.

"어쩌지? 이제 곧 해가 져서 어두워지면 방향을 찾기가 더 어렵잖아."

지오가 걱정하자 짐이 자신 있게 나섰다.

"어두워지면 북극성을 찾기 쉬워집니다, 선장님!"

"아하, 그 방법이 있었지."

"그 방법이 뭔데?"

아이들이 한목소리로 물었다.

"북극성은 북쪽을 알려 주는 길잡이별이야. 하늘에서 북두칠성과 카시오페이아 자리만 찾으면 북극성을 쉽게 알 수 있어."

지오는 친구들에게 설명한 뒤 짐을 향해 엄지를 치켜세웠다. 짐은 스마트폰이 뭔지는 몰라도 밤하늘의 별자리에 대해서만큼은 누구보다 잘 알았다.

낮인데도 울울창창한 숲 때문에 사방이 어둑어둑했다. 아이들은 하늘이 보이는 곳을 찾아 바삐 발걸음을 옮겼다. 숲의 밤은 금세 찾아왔다.

한참을 걸으니 하늘이 보이는

넓은 빈터가 나왔다.

아이들은 모두 고개를 뒤로 젖히고 밤하늘을 올려

다 보았다. 별들이 총총히 빛나고 있었다.

"여기가 서쪽이에요. 선장님."

북극성을 향해 양팔을 벌리고 선 짐은
자신의 왼쪽을 가리키며 말했다.
지오는 짐의 머리를 쓰다듬고는 짐이 가리킨
곳을 향해 성큼성큼 걸어갔다. 현아와 양희도 연
달아 짐의 머리를 쓰다듬고는 지오를 뒤따라갔다.

관섭은 자신이 스마트폰 없이는 아무것도 할 수 없다는 사실에 마음이 불편했다. 일부러 친구들로부터 뒤처져 어슬렁어슬렁 걷고있던 관섭은 얼마 지나지 않아 이상한 생각이 들었다. 친구들이 지나간 곳이 아닌데 풀들이 한쪽으로 넘어져 있었다.

'무인도라더니 누가 벌써 지나간 것 같은데…….'

그때 관섭의 등 뒤에서 바스락거리는 소리가 들려왔다. 잔뜩 겁을 먹은 관섭은 동상처럼 멈춰 서서 눈동자만 좌우로 굴렸다. 나무들 사이로 시커먼 뭔가가 휙 지나갔다. 등줄기가 오싹해지고 다리가 땅에 박힌 것처럼 움직이지 않았다.

"요괴다! 요괴가 나타났어!"

갑자기 양희가 괴성을 지르며 뛰어갔다. 그 소리에 정신을 차린 관섭은 그제야 뛰기 시작했다.

"요, 요괴? 으아악!"

양희가 뛰고 관섭도 뛰고 현아도 뛰고, 지오와 짐이 그 뒤를 따라 또 뛰었다. 나무뿌리에 걸려 넘어질 뻔하고 나뭇가지에 옷자락이 걸려 주춤거리기도 했지만 계속 내달렸다. 뭔가가 뒤에서 따라오는 듯한 소리가 들렸지만, 누구 하나 뒤를 돌아볼 엄두를 내지 못했다.

아이들은 나무 사이를 뚫고 죽을 둥 살 둥 앞만 보고 달렸다. 서쪽인지 북쪽인지 분간할 겨를은 없었다.

정신없이 한참을 뛰던 아이들은 숲을 벗어나 바닷가에 다다랐다. 헉헉거리는 숨을 고르는 아이들 앞으로 끝을 알 수 없는 넓은 바다와 진주를 갈아 놓은 것처럼 반짝이는 하얀 모래사장이 펼쳐졌다.

"우아!"

"와, 정말 멋지다!"

깊은 밤. 바다 위에 떠 있는 커다란 달이 밤하늘을 환하게 밝혔다. 바다 위로 비친 달그림자가 어찌나 선명한지 마치 두 개의 달이 마주보고 있는 듯했다. 달그림자 주변으로 하얀 달빛 조각들이 바다 위에서 뛰노는 은빛 물고기처럼 반짝거렸다.

"이렇게 큰 달은 처음 봐. 아무리 큰 보름달도 단팥빵만 한 줄 알았는데."

양희는 저도 모르게 벌어진 입을 좀처럼 다물지 못했다.

"손에 닿을 것처럼 달이 가깝게 있잖아."

현아가 감탄하며 양희에게 다가가 어깨에 손을 얹었다.

아이들은 달이 만들어 낸 아름다운 광경에 반해서 요괴를

피해 도망치던 중인 것도 잊었다.

"지도를 따라왔더니 정말 어마어마하게 크고 멋진 달이 있네!"

커다랗고 신비로운 달에 마음이 빼앗긴 지오가 말했다.

"달을 보면 뭐해. 저 달을 어떻게 잡으라는 거야? 박물관으로 돌아가기는 다 틀렸어!"

감격하여 입까지 벌리고 달을 보던 관섭이 다시 삐딱하게 굴었다. 양희는 눈앞에 보이는 달을 잡아 보려고 폴짝폴짝 뛰었다. 현아도 따라서 두 팔을 휘저었다. 지오는 뒤늦게 숲을 빠져나오는 짐을 발견하고는 머쓱했다. 달을 보고 감탄하느라 짐이 있는지 없는지도 몰랐던 것이다.

"왜 이제야 오는 거야? 무슨 일 있었어?"

"도망치다 넘어졌어요. 요괴가 저를 앞질러 갔는데 혹시, 못 보셨어요?"

"요괴가 이쪽으로 왔다고?"

지오는 주변을 황급히 휘둘러보았다. 관섭과 현아를 보고 양희를 바라보았을 때였다. 양희의 등 뒤로 검은 그림자가 어슬렁거렸다.

"야, 양희야, 네 뒤에……"

아이들의 시선이 일제히 양희를 향했다.

"내 뒤? 으아아…… 아악!"

무심코 고개를 돌린 양희가 요괴를 보고 비명을 질렀다. 아이들은 다시 도망치기 시작했다. 모래밭에 발이 푹푹 빠져서 뛰는 것인지 걷는 것인지 구분이 되지 않았다. 그럼에도 아이들은 해안을 따라 꽁무니가 빠지게 경중경중 내달렸다.

한참을 달리다가 지오는 걸음을 우뚝 멈췄다. 이상했다. 요괴는 오로지 양희만 쫓아다녔다.

"양희 누나한테만 관심이 있나 봐요."

지오를 따라 멈춰 선 짐이 말했다.

그때 정신없이 도망치던 관섭이 조류에 떠밀려 온 듯한 그물에 걸려 넘어졌다.

"좋았어! 우리가 저 요괴를 유인해서 생포하자. 아무리 힘센 요괴라도 그물에 걸리면 맥을 못 추겠지."

지오는 그물을 걷어 올려 관섭과 현아에게 그물의 양쪽 끝을 잡게 했다.

"바위 뒤에 숨어 있다가 요괴가 가까이 오면 그물을 잡아당겨. 알았지?"

양희는 그때까지도 요괴에게 쫓기며 바위 주변을 빙글빙글

돌고 있었다.

"우양희! 이쪽이야, 이쪽!"

지오가 가리키는 쪽으로 양희가 달려가자, 아무것도 모르는 요괴가 뒤쫓아 왔다.

"지금이야, 당겨!"

관섭과 현아는 양희가 그물을 통과하자마자 양쪽으로 그물을 세게 잡아당겼다. 계획대로 요괴가 그물에 걸려 넘어졌다. 양희는 그물에서 빠져나오려고 버둥거리는 요괴의 뒤통수를 가방으로 힘껏 내리쳤다. 요괴는 양희의 한방에 맥없이 쓰러져 모래사장에 몸을 쭉 뻗었다.

"우아! 누나, 진짜 힘이 세구나!"

"이 정도 갖고 뭘."

감탄하는 짐을 보며 양희가 멋쩍게 웃었다.

"쳇! 다 잡아 놓은 걸로 으스대기는."

관섭은 떨떠름하게 말했다.

엘로우의 수업노트·05

지도에 방위표를 그려 넣는 걸 깜박 했네! 아이들이 길을 잃을 수 있으니 나침반이 없을 때 방향 찾는 법을 알려 줘야겠어.

나침반이 없어도
방향을 찾을 수 있어요

1) 북극성을 찾아 북쪽 방향 알기

사막이나 바다처럼 주변에 아무것도 없거나 깜깜한 밤에는 별자리를 활용해. 북반구에 사는 사람들은 북극성으로 북쪽을 찾았어. 북쪽을 찾으면 다른 방향은 자동적으로 결정이 되니까. 북극성은 북두칠성과 카시오페이아 별자리로 찾을 수 있어. 남반구에서는 이름 그대로 네 개의 별이 십자 모양을 이루고 있는 남십자자리를 이용해서 남극성을 찾으면 남쪽 방향을 알 수 있지.

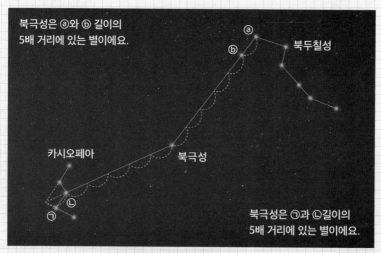

북두칠성과 카시오페아자리로 북극성 찾는 방법

2) 나무의 그루터기로 방향 찾기

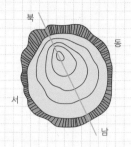

나이테의 간격이 넓은 쪽이 남쪽, 간격이 좁은 쪽이 북쪽. 나뭇가지가 무성하고 잔가지가 많이 뻗은 쪽이 남쪽, 나무껍질이 두꺼운 쪽이 북쪽이야.

동서남북을 알려 주는 방위표

지도에는 방향을 알려 주는 방위표가 있어. 흔히 볼 수 있는 방위표는 동서남북을 알려 주는 4방위표야. 더 자세하게 나눈 8방위표와 16방위표도 있지. 그렇지만 방위표가 없는 지도를 보더라도 걱정하지는 마. 지금은 방위표가 없는 지도는 위쪽이 북쪽이라고 약속했으니까.

4방위표

8방위표

"이건 무엇일까?"라고 물으면 "훈장이요!"
라고 당당하게 대답하는 아이들이 있어.
훈장처럼 생겼지만 실은 방위표야.
숨은 그림 찾기를 해 볼까?
이 책에 실린 고지도에 이 방위표가 있어.
누가 찾을 수 있을까?

별자리를 그린 지도, 천문도

땅에만 지도가 있는 건 아니야. 하늘의 별자리를 읽으려고 만든 지도, 천문도가 있지. 옛날부터 천문도는 여행자와 항해자의 길잡이가 되어 주고 하늘의 변화로 날씨를 알리는 중요한 역할을 했어.

1) 진정한 왕은 하늘을 읽는다
〈천상열차분야지도〉

조선 태조 4년에 1,464개의 별을 돌에 새겨 만든 지도야. 태양, 달, 24절기가 설명되었고, 눈으로 관찰할 수 있는 북반구의 거의 모든 별자리가 새겨져 있지. 하늘의 생김새를 설명하는 수많은 이야기 중에 믿을 만한 여섯 가지 설까지 적어 놓았어. 세계에서 두 번째로 오래된 천문도로 조상들의 뛰어난 천문 지식의 수준을 알 수 있는 보물이야. 천문도는 옛날 왕에게 매우 중요했어. 백성들은 오직 왕만이 하늘의 뜻을 헤아려 자연의 변화를 읽을 수 있다고 믿었거든. 하늘의 변화를 읽어 농사지을 시기를 알려 주는 것이 왕의 중요한 일이었지. 조선을 세운 후 태조 이성계는 왕으로 인정받기 위해서 정확한 천문도가 반드시 필요했어.

태조때의 비석이 마모되어 숙종 13년에 다시 새겼어요.

〈천상열차분야지도〉 태조본
국립고궁박물관 소장

〈천상열차분야지도〉 숙종본
국립민속박물관 소장

그때 마침 오래전에 사라진 고구려의 천문도가 이성계 앞에 나타났다는 소문이 퍼졌지. <천상열차분야지도>는 이 고구려의 천문도를 바탕으로 제작되었다고 해. 이 일로 백성들은 이성계가 하늘의 명을 받은 왕이라고 믿게 되었어. 이런 신화같은 이야기가 어디까지 사실인지는 알 수 없지만 어쨌든 이성계는 과학적인 천문도 덕분에 왕으로 인정받을 수 있게 되었지. 근래 학자들은 실제로 이 천문도가 고구려의 천문도를 바탕으로 제작되었다는 것을 증명해내고 있단다.

2) 서양의 별자리를 찾아보자
<토마스 후드 천문도>

북반구에서 큰곰자리와 국자모양의 북두칠성을 찾을 수 있겠니?

영국의 수학자이자 의사였던 토마스 후드가 만든 천문도야. 하늘의 위도와 경도, 태양이 지나는 길인 황도가 표시되어 있어. 두 개의 원이 보이지? 하나는 북반구, 다른 하나는 남반구의 하늘이야. 그 위에 대표적인 별자리를 그려 놓았지.

영국의 <토마스 후드 천문도> 1590년 경희대 혜정박물관 소장

7
털 요괴의 정체

"아까 도망치다 얼핏 해적을 본 것 같아. 지금도 어딘가에서 우리를 지켜보고 있을지 몰라. 숨어 있을 만한 곳이 없을까?"

지오는 그물에 걸린 요괴를 발로 툭툭 건드리며 말했다.

"이놈은 어쩌지?"

양희는 쪼그리고 앉아서 요괴를 유심히 살폈다.

"데려가야지. 내가 먼저 숨을 만한 곳이 있는지 살펴볼게."

지오는 바닷가를 따라 걸으며 주변을 둘러보았다. 해안을 벗어난 산자락 끝에서 바위 동굴 하나를 발견했다. 입구가 나무로 가려져서 실버 일당을 피해 숨기에도 안성맞춤이었다.

아이들은 힘을 모아 요괴를 그물째 끌고 바위 동굴로 이동

했다.

동굴은 어쩌나 깊은지 끝이 보이지 않았다. 아이들은 입구에서 조금 들어간 곳에 자리를 잡았다. 동굴 안은 시원하니 좋았지만 시간이 흐르자 으슬으슬 어깨가 떨려 왔다.

"선장님, 불을 좀 피울까요?"

"나무가 있어야지. 같이 나가 보자, 짐."

"여럿이 움직이면 들킬지도 모르니까, 선장님이랑 친구 분들은 여기에서 기다리세요."

짐은 자신만만하게 밖으로 나가더니 잠시 후, 잔가지들을 한아름 안고 동굴로 돌아왔다. 짐은 나뭇가지의 마찰을 이용해 불씨를 만들고 마른 나뭇잎에 불을 붙였다. 하얀 연기가 모락모락 나는가 싶더니 곧 불이 붙어 활활 타올랐다.

아이들은 눈이 휘둥그레져서 경탄의 눈빛으로 짐을 바라보았다.

아이들은 따뜻한 불 주변에 둘러앉았다. 추위가 가시니 긴장이 풀리고 몸도 나른해졌다.

"양희야, 너도 이리 와서 불 좀 쫴. 요괴한테 해코지당하지 말고."

꾸벅꾸벅 졸던 현아가 게슴츠레한 눈을 뜨더니, 요괴 앞에 앉아 있는 양희에게 잠꼬대하듯 말하고는 다시 눈을 감았다.

양희는 그물에 갇힌 요괴를 신기해하며 구석구석 살폈다. 요괴의 북슬북슬한 털은 지저분하게 마구 뒤엉켜 있었다.

"나는 왜 쫓아온 거야? 휴우……. 네가 말을 할 리 없지."

양희는 요괴의 털끝을 살짝 만져 보았다. 기절한 줄 알았던 요괴가 느닷없이 벌떡 일어났다. 양희는 기겁하며 재빨리 몸을 얼른 뒤로 젖혔다.

"오지 마. 오지 말라고!"

양희는 털 요괴를 향해 가방을 마구 휘두르다 그만 놓치고 말았다. 가방이 휙 날아가더니 털 요괴의 코앞에 떨어졌다. 털 요괴가 코를 벌름거렸다.

"뭐야? 이제 보니 너 배고팠구나. 비켜 봐. 내가 먹을 거 꺼내 줄게."

양희는 가방에서 초콜릿과 과자를 꺼내 주었다. 털 요괴는 뭉실뭉실한 몸을 곧추세우더니 춤을 추듯 흔들어 댔다. 그 바람에 뒤집어쓰고 있던 그물이 벗겨졌다.

양희가 이번에는 치즈를 꺼내자 요괴가 덮치듯 채 갔다.

"깜짝이야! 이제 보니 너, 치즈를 좋아하는구나? 나도 치즈 엄청 좋아해."

양희가 슬며시 머리털을 만지는데도 요괴는 치즈를 먹느라 얌전했다.

"양희 누나, 손이랑 무릎에서 피나는데 아프지 않아요?"

짐이 다가와 걱정스레 물었다.

"괜찮아. 미끄러져서 상처가 좀 나긴 했지만 아프지는 않아. 그러는 넌 괜찮아? 다친 데는 없어?"

"숲에서 도망치다 팔을 좀 긁히긴 했는데 누나만큼은 아니니까 괜찮아요."

"역시 의젓한 꼬마로군."

양희가 짐을 향해 엄지손가락을 세워 보였는데, 털 요괴가 덥석 그 손을 잡았다. 깜짝 놀란 짐이 털 요괴의 팔에 매달리며 소리쳤다.

"어서 피해요, 누나!"

"치즈가 먹고 싶어서 그런 걸 거야. 괜찮을 테니 놔 줘."

양희는 가방에서 치즈를 하나 더 꺼내 주었다. 요괴는 기분이 좋은 듯 뱅글뱅글 돌더니 등을 돌리고 앉아 치즈를 먹었다.

"누나 말이 맞네요. 이 녀석, 다시 보니 좀 귀엽네."

"짐, 너도 귀여워."

짐은 뺨이 발그레해져서 수줍은 듯 머리를 긁적였다.

지오는 모닥불 앞에서 졸고 있다가 동굴 밖으로 나가는 털 요괴를 보고 벌떡 일어났다.

"요괴가 도망간다. 잡아라, 잡아!"

지오는 털 요괴를 쫓아 동굴 밖으로 뛰어나갔다. 놀란 양희와 짐이 뒤따라 나가고 현아도 뒤를 이어 뛰었다.

"정말 못 말리겠군. 도망가도 상관없잖아. 왜 굳이 잡겠다고 야단이람."

관섭은 모닥불 앞에 엉덩이를 붙이고 앉아 구시렁거렸다. 하지만 동굴에 혼자 있자니 배가 고프고 무서운 생각도 들었다. 안 되겠다 싶어 관섭은 아이들을 찾아 나서려고 일어섰다.

그때 동굴 바닥에 떨어진 양희의 초콜릿을 발견하고는 머뭇거렸다. 돼지처럼 먹는 것만 밝힌다고 양희를 흉보던 것이 생각나 초콜릿을 주워야 할지 망설여졌다. 그러다 관섭은 바닥에 새겨진 그림을 보았다. 자세히 보니 해골 그림이었다. 관섭은 저도 모르게 눈살을 찌푸렸다. 그런데 이상했다. 몸은 완벽하게 일직선으로 누워 있고 팔은 머리 위로 들어 올려져 마치 동굴 안쪽을 가리키는 화살표 같았다. 관섭은 초콜릿을 재빨리 주워 들고 동굴 밖으로 후다닥 뛰어나갔다.

털 요괴가 바닷물 속으로 뛰어들려던 찰나, 지오와 짐이 동시에 털 요괴를 덮쳤다. 그 바람에 셋이 한꺼번에 바닷물에 풍덩 빠지고 말았다.

"우리도 가자!"

현아와 양희도 바닷물에 첨벙첨벙 뛰어들었다.

관섭이 아이들을 찾았을 때, 털 요괴와 친구들은 바다에서 한마음으로 놀고 있었다. 옷이 젖는 건 딱 질색인 관섭은 초콜릿을 입에 물고 심드렁하게 구경만 했다.

잠수한 털 요괴가 물 위로 솟구쳐 오를 때마다 양손에 물고기가 들려 있었다. 털 요괴는 잡은 물고기를 관섭이 있는 모래 위로 휙 던져 버리고 다시 물속으로 들어갔다.

하얀 모래 위에는 벌써 여러 마리의 물고기들이 퍼덕거렸다. 아이들도 덩달아 물고기를 잡겠다고 야단스러웠다. 저마다 나름대로 빠르게 손을 놀려 보았지만 미끌미끌한 물고기들은 번번이 빠져나갔다. 그러거나 말거나 아이들은 희희낙락하며 물고기를 쫓아 첨벙첨벙 물속을 헤엄쳐 다녔다.

"요괴도 잡고, 물고기도 잡고, 달도 잡고. 신났네, 신났어!"

관섭은 부러운 눈으로 쳐다보다 이내 고개를 저으며 모래 위에 벌러덩 드러누웠다.

지오는 놀고 싶지만 머뭇거리다 포기해 버린 관섭의 마음을 눈치챘다. 지오는 짐에게 눈짓을 보냈다. 바닷물에 빠뜨리자는 신호였다. 관섭의 눈을 피해 살금살금 다가간 지오와 짐은 잽싸게 관섭의 다리와 팔을 붙잡았다.

"박지오. 이거 안 놔!"

"놓지 말래도 곧 놔줄 테니 걱정 말라고."

"하나, 둘, 셋!"

지오와 짐은 함께 구령을 외치고는 관섭을 물속에 휙 던져 버렸다.

"야! 너희, 가만 안 둬."

관섭이 물속에서 허우적거리며 소리를 질러 댔다.

"잡을 수 있으면 어디 한번 잡아 보든가."

약이 바짝 오른 관섭은 물속을 뛰어나오다 파도에 밀려 도로 넘어졌다. 물에 대고 주먹질을 해 대는 관섭의 모습에 아이들은 깔깔거렸다.

아이들은 바다와 하나가 되어 노느라 털 요괴를 잡으러 왔다는 것도 잊어버렸다. 물장난을 치고, 누가 물고기를 먼저 잡을지, 누가 달을 잡을 수 있는지 떠들면서 지치지도 않고 뛰어놀았다.

얼마나 놀았을까? 지친 아이들은 물에 빠진 생쥐 꼴로 모래 사장에 쪼르르 나와 앉았다.

바다를 향해 앉은 아이들의 등 뒤에서 동이 터 올라 어스름 하던 하늘이 조금씩 밝아지고 있었다.

"털 요괴는 어쩜 그렇게 물고기를 잘 잡는 거죠?"

짐이 부러운 듯 말했다.

"얘들아, 저기 좀 봐!"

아이들은 양희가 가리킨 손가락 끝을 쳐다보았다.

털 요괴가 해변으로 걸어 나오고 있었다. 뗏자국으로 꾀죄 죄하던 간밤의 털북숭이 요괴는 온데간데없었다. 물속에서 변신이라도 한 것처럼 요괴의 털이 온통 황금빛으로 빛나고 있었다.

털 요괴가 몸을 흔들어 물기를 떨어내자, 태양 빛을 받은 황 금빛 털이 더욱 반짝거렸다.

"저렇게 멋진 털을 가진 녀석이었다니!"

관섭이 감탄했다.

"해적 플린트가 숨겨 둔 황금 보물 같아."

황금빛 털에 현아도 그만 감탄하고 말았다.

"살랑거리는 게 꼭 옐로우 선생님의 치맛자락 같은데……."

양희의 말에 지오의 눈빛이 순간 빛났다.

"옐로우 선생님의 치맛자락이라면 혹시? 우리가 저 녀석을 오해했나 봐."

지오는 벌떡 일어나서 털 요괴를 향해 뛰어갔다.

"박지오, 어디 가?"

"털 요괴를 안아 줄 거야."

"뭐라고? 나도 같이 가!"

"나도, 나도!"

아이들은 일제히 일어나 털 요괴를 향해 달려갔다. 우르르 한꺼번에 달려든 아이들 때문에 털 요괴가 힘을 못 쓰고 벌러덩 뒤로 넘어졌다. 아이들은 탑을 쌓듯 털 요괴 위로 겹겹이 쓰러져서는 또 깔깔거렸다.

요괴가 잡아 준 물고기를 나눠 들고 동굴로 돌아온 아이들의 표정은 그리 밝지만은 않았다. 동굴로 돌아오는 사이에 털 요괴가 사라졌기 때문이었다. 털 요괴와 함께라면 무시무시한 해적도 이길 수 있을 것 같았는데…… 아무리 둘러보아도 털 요괴는 어디에도 없었다.

아이들은 털 요괴가 돌아오길 간절히 바라며 모닥불에 물고기를 올리고 불 앞에 둘러앉아 젖은 옷을 말렸다.

"이건 마르려면 한참 걸리겠는데, 짐?"

지오는 짐이 벗어 놓은 가죽 구두를 모닥불 앞으로 옮기며
말했다.

짐은 발바닥에 잡힌 물집을 손톱으로 뜯고 있었다. 젖은 가
죽 구두를 신으면 물집은 더 커질 게 뻔했다. 지오는 운동화
속에 넣어 둔 양말을 꺼내 짐에게 건넸다.

"냄새가 좀 나긴 하지만 젖은 구두를 맨발로 신는 것보다는
나을 거야."

"그럼 선장님은요?"

"내 운동화는 젖지 않았으니까 괜찮아. 물에 빠지기 전에
벗어 던졌거든."

"고맙습니다, 선장님!"

짐은 지오가 준 양말을 손에 들고 좋아했다.

"짐, 내 양말도 줄까?"

양희가 깔깔거리며 말했다.

옐로우의 수업노트·06

옛 지도엔 이상한 동물들이 그려져 있어. 아이들은 신기해하며 들여다보지. 옐로우의 지도에도 요괴가 있어. 찾았니?

두근두근 마음을 그린 지도

오늘날에는 다양한 첨단 과학 장비를 이용하여 지도를 만들지만, 옛날에는 낯선 곳을 여행하고 돌아온 모험가들의 이야기를 듣고 지도를 만들었어. 모험가들은 자신들이 겪었던 신비롭고 험난한 경험을 들려주었지. 그들도 미처 가보지 못한 세계에 대한 무시무시한 소문도 말해 주었을 거야. 지도 제작자들은 잘 알려지지 않은 미지의 땅과 바다에 상상의 동물을 그려서 두려움과 호기심을 상징적으로 표현했어.

1) 꽃처럼 활짝 핀 지도에 그려진 상상의 동물들
   〈몬테 우르바노의 세계지도 〉

지도가 활짝 핀 꽃처럼 생겼지? 북극에서 둥근 지구를 바라본다고 생각하고 그린 지도야. 이 아름다운 세계지도는 과학과 예술이 꽃을 피우던 르네상스 시대의 이탈리아 밀라노 출신 몬테 우르바노의 작품이야. 총 60개의 낱장으로 되어 있는데 모두 연결하면 크기가 무려 가로 3m, 세로 3m나 되지. 이 지도에는 당시 알려진 과학과 지리 정보가 잘 담겼을 뿐만아니라 자세히 들여다보면 각 지역의 다양한 생물을 볼 수 있어. 이 중에는 상상으로 지어낸 동물들도 많지. 지도의 가장자리는 남반구의 대륙으로 당시 이곳은 가 보지 않은 미지의 세계였기 때문에 상상으로 그려진 신비한 동물들이 많이 그려져 있지.

<몬테 우르바노의 세계지도> 1587년
총 60장의 낱장으로 이루어져 있다.

가 보지 않은 세계였던
남반구의 대륙과 근처 바다에
상상의 동물들을 그려 놓았다.

2) 가 보지 않은 땅에는 어떤 동물들이 살까?
조선의 〈곤여만국전도〉

18세기 초 조선 왕실의 지도 제작자들은 중국에 온 선교사 마테오 리치가 만든 최신식 세계지도 〈곤여만국전도〉를 중국으로부터 들여왔어. 그리고 그 지도를 참고로 우리나라 왕이 자유롭게 세계지도를 볼 수 있도록 조선의 〈곤여만국전도〉를 새롭게 만들었지. 조선의 왕실은 중국이 세상의 중심이라고 생각하는 중화사상의 틀에서 벗어나 더 넓은 세계를 자세히 알아야 한다고 생각했던 거야. 지도에는 다른 대륙에서 사는 생물들과 미지의 땅과 바다에 살고 있을 것 같은 상상의 동물들을 그려 놓았지. 우리나라 지도의 동물들은 민화에서 보았던 동물처럼 부드럽고 친근하게 그려져 있어. 마테오 리치가 그린 중국본 〈곤여만국전도〉나 서양에서 그려진 〈오르텔리우스 세계지도〉 속 무섭고 날카로운 동물들과는 다른 느낌이야. 우리 조상들은 다른 세계에 대해 두렵고 낯선 마음보다는 호기심을 가지고 재미있게 상상했나 봐.

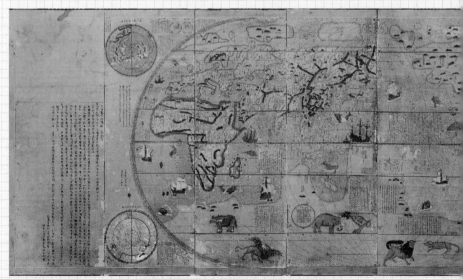

1708년 조선의 〈곤여만국전도〉를 복원한 〈신곤여만국전도〉 출처 : 실학박물관

나래미르
미지의 남방대륙에 사는 날개 달린 용

멱가시고래
대서양 남쪽에 가시지느러미의 고래

고니고기
태평양 동쪽에 사는 새 머리의 물고기

등뿔상어
대서양의 가시등 지느러미 거대 상어

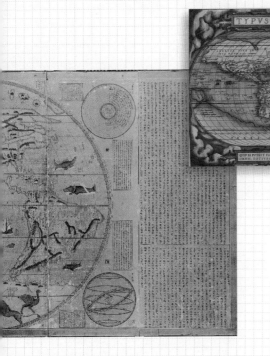

〈오르텔리우스 세계지도〉 1570년

마테오 리치는 중국
사람들에게 세계를 보여 주기 위해
〈오르텔리우스 세계지도〉를 참고하여
중국의 〈곤여만국전도〉를 그렸어.

121

8
지도를 잃어버리다

지오는 울상이 되어 바닥에 털썩 주저앉았다.

사라진 지도를 찾기 위해 동굴을 샅샅이 훑었지만 지도는 어디에도 없었다.

"옐로우 선생님의 지도를 잃어버렸어."

"박지오, 장난 그만해라. 재미없다."

현아가 눈을 흘기며 말했다.

"선장님, 이쪽도 전부 찾아봤는데 없어요."

"진짜로 잃어버린 거야?"

관섭의 질문에 지오는 고개를 들지 못했다. 보트에서 내릴 때만 해도, 아니 숲에 들어갔을 때에도 있었다. 하지만 지도를 어디서 어떻게 잃어버렸는지 도무지 기억나지 않았다.

"생각나는 대로 다시 그려 볼까?"

"지도가 뭐 그림인 줄 알아? 생각나는 대로 그리게!"

관섭은 한심스럽다는 듯이 양희를 쳐다보았다.

"너무 걱정 마. 곧 찾을 수 있을 거야. 우리가 왔던 길을 되짚어 가 보자."

지오는 현아의 위로에 그나마 용기가 났다. 하지만 친구들을 『보물섬』 이야기 속으로 불러들인 것도 모자라 옐로우의 지도까지 잃어버렸으니 눈치가 이만저만 보이는 게 아니었다. 특히 관섭과 눈이 마주칠 때면, 지오는 저도 모르게 움츠러들었다.

아이들은 간밤에 지나왔던 길을 되짚어 보며 지도를 찾았다. 수풀을 헤치며 걷던 지오는 들고 있는 나뭇가지 끝에 뭔가 툭 걸리는 것을 느꼈다. 지오는 지도인가 싶어서 황급히 수풀을 젖혔다.

"윽, 해골이다!"

지오가 소리를 지르자, 아이들이 곧바로 달려왔다.

"해적 플린트의 짓이 분명해. 도적질한 보물을 혼자 독차지하려고 섬에 함께 왔던 선원들을 모두 총으로 쏴 죽였거든.

그리고 그 시체 중의 하나를 운반해 보물이 있는 곳을 표시해 두었지."

현아는 해골을 쳐다보며 말했다.

"동굴 안에 이상한 해골 그림이 있던데, 그건 누가 그려 놓은 걸까?"

관섭은 동굴 안 바닥에 그려져 있던 해골 그림에 대해 친구들에게 말해 주었다.

지오는 이곳이 플린트가 죽인 해적들의 해골이 나뒹구는 보물섬이라면 잃어버린 지도는 옐로우의 지도가 아니라 짐의 보물 지도일 거라는 생각으로 혼란스러웠다.

"옐로우 선생님의 지도는 대체 어디에 있는 거야?"

"혹시 해적들이 벌써 주워 간 거 아닐까?"

친구들의 말에 지오는 그제야 아차, 싶었다.

"숲에 들어왔을 때부터 수상한 그림자가 느껴졌는데, 요괴에게 쫓겨 달아나던 때부터 사라진 것 같아. 우리를 뒤따라오던 해적이 지도를 주워 가 버린 게 아닐까? 만일 그랬다면 더 이상 따라 올 필요가 없는 거니까."

"해적이 지도를 주워 갔다고?"

현아는 지오의 말에 크게 낙심하며 물었다.

"완전히 잃어버린 것보다 낫네. 실버가 지도를 갖고 있다면 되찾아 올 수 있잖아."

늘 삐딱하던 관섭이 어쩐 일로 대수롭지 않다는 듯 말했다.

"어서 가요, 선장님!"

"어디를?"

"실버가 있는 해안으로 가서 보물 지도를 찾아야죠."

"가자, 선장. 용감한 우리의 꼬마 선원 짐과 함께!"

양희는 짐의 어깨에 팔을 두르고 씩씩하게 나섰다.

아이들은 실버를 찾아, 아니 지도를 찾아 실버와 헤어진 해안에 도착했다. 실버의 야영지에 이르자 맛있는 음식 냄새가 솔솔 풍겨 왔다.

"해적들이 고기를 굽나 봐. 아, 달콤한 고기의 향기!"

"우양희! 들키면 어쩌려고 무턱대고 따라가?"

현아는 고기 냄새에 홀려 나서는 양희를 붙잡았다.

"고기 냄새를 향기라고 하는 사람은 너밖에 없을 거다. 하하하."

양희 덕분에 웃고 나니 잔뜩 긴장하고 있었던 지오의 마음이 조금 누그러졌다.

아이들은 나무 뒤에 몸을 숨기고 실버가 있는 야영지를 살폈다. 술을 마신 해적들은 고주망태가 되어서 저들끼리 떠들며 흥분해 있었다. 장작불 위에서는 양희의 배를 요동치게 만든 멧돼지 통구이가 노릇노릇 익어 갔다.

"나쁜 놈들. 신났군, 아주 신났어!"

"보물 지도를 손에 넣었으니 신이 나겠죠."

"해적들이 술에 취해 곯아떨어지면 옐로우 선생님의 지도를 찾아오자. 그때까지 들키지 않아야 하는데……."

"아무래도 숨어 있을 요새를 만들어야겠어요, 선장님. 나뭇가지를 좀 모아 올게요."

짐의 말에 양희가 같이 가자고 벌떡 일어섰다.

"그런 거라면 누나도 할 수 있지."

현아도 따라 일어섰다. 관섭은 지오의 뒤에서 모르는 척 있다가 현아의 눈총을 받고 마지못해 짐을 따라나섰다.

아이들은 해적들의 눈을 피해 요새를 만들 나뭇가지를 주워 모았다.

"큰 나뭇가지들을 비스듬히 세워서 기둥을 만들 거예요."

"이 정도 기울기면 될까?"

관섭은 제법 큰 나뭇가지를 비스듬히 세워 보였다.

"그 정도면 좋아요, 형."

관섭은 지오한테만 '선장님'이라고 부르는 짐이 못마땅했는데, 자기한테도 '형'이라고 불러주니 어색했지만 기분이 간질간질하게 나쁘지 않았다.

관섭은 친구들이 드나들 수 있는 작은 문을 만들었다. 기둥과 출입구가 만들어지자 그다음 일은 척척 진행되었다. 아이들은 기둥과 기둥 사이에 잔가지를 얼기설기 엮어 제법 그럴싸한 요새를 완성했다.

"진짜 대단한데! 이 정도면 해적들이 절대 찾지 못할걸."

지오는 친구들이 믿음직스러웠다. 이런 친구들과 함께라면 어떤 일이 벌어져도 헤쳐 나갈 수 있을 것 같았다.

"선장님, 관섭이 형이 문을 만들었어요."

짐이 관섭을 추켜세우자 여자아이들도 맞장구를 쳤다.

"이게 뭐 대수라고 호들갑들은……."

관섭은 퉁명스럽게 굴었지만 인정받은 것 같아 어깨가 으쓱했다.

아이들은 요새 안에 숨어서 해적들이 술에 취해 곯아떨어지기를 기다렸지만 해가 저물어도 그들의 파티는 끝날 줄 몰랐다.

다시 날은 어두워졌다. 피곤한 아이들은 꾸벅꾸벅 졸다가 하나둘씩 쓰러져 잠이 들었다. 지오는 모두 잠들면 안 된다는 생각에 눈에 힘을 주고 참았다. 그러나 이내 무거워진 눈꺼풀을 이기지 못하고 까무룩 잠에 빠져들었다.

얼마나 지났을까? 갑자기 지오의 눈앞으로 노란 치맛자락이 팔랑거리며 지나갔다.

"으흠…… 옐로우 선생님?"

꿈인지 현실인지 헷갈렸다.

"박지오, 일어나. 언제까지 잠만 잘 거야!"

지오는 옐로우 큐의 호통에 눈을 번쩍 떴다.

그런데 실버가 바로 코앞에서 음흉한 눈빛으로 내려다보는 게 아닌가!

"많이 피곤하셨나 봅니다, 선장님."

"실버가 여긴 어떻게…… "

지오는 황급히 주변을 살폈다. 곁에 있어야 할 친구들이 한 명도 보이지 않았다.

"꼬맹이들을 찾는 거라면 걱정 마십시오. 제가 잘 데리고 있습니다, 선장님."

"그 선장님 소리 좀 빼면 안 돼요?"

지오는 느물느물한 실버의 태도에 결국 목소리를 높였다.

"선장님을 선장님이라고 부르지, 뭐라고 합니까?"

"내 친구들은 어디에 있어요?"

실버는 빙긋 웃으며 해적들에게 아이들을 데려오게 했다. 짐과 친구들이 줄줄이 묶인 굴비처럼 끌려 나왔다.

'사태가 이 지경이 되도록 잠만 자고 있었다니……'

지오는 자신이 한심해서 머리를 쥐어박고 싶었다. 하지만 실버가 우습게 여길까 봐 눈을 부릅뜨고 명령하듯 소리쳤다.

"내 친구들을 당장 풀어 줘!"

"저런, 너무 화내지 마십시오. 새우잠을 자고 있는 꼬맹이들이 불쌍해 보여서 제가 데리고 있었던 것뿐입니다. 아참! 선장님을 보호해 드리려고 딸려 보낸 부하 녀석이 이런 걸 주워 왔던데……."

실버는 실실 웃으며 외투 안주머니에서 노란 종이를 꺼냈다. 그토록 찾아 헤매던 옐로우의 지도였다. 지오는 당장에라도 빼앗고 싶었지만 일부러 태연한 척 물었다.

"그게 뭐죠?"

"제 생각에는 선장님이 이걸 찾아 여기까지 온 것 같은데 말입니다."

"내 물건인 줄 알면 돌려줘야죠."

"그런데 이 지도가 저한테도 필요한 물건이란 말입
니다."

"나한테 원하는 게 뭐예요?"

"역시 선장님과는 말이 통하는군요. 이게
보물 지도인 것 같은데, 아무리 봐도
어디에 보물이 있는지 알 수가
없단 말이죠. 선장님이 플린트
의 보물을 찾게 해 주면 저 꼬

맹이들을 풀어 주죠."

"내 친구들을 먼저 풀어 줘요."

"음…… 좋습니다. 꼬맹이들을 풀어 주죠. 대신 딴 생각을 하면 다들 무사하지 못할 겁니다, 선장님!"

실버는 지오의 마음을 꿰뚫어 보는 듯한 눈빛으로 야비하게 웃고 있었다.

"걱정 마요!"

지오는 심장이 오그라드는 걸 감추려고 도리어 큰소리를 쳤다.

실버는 아이들을 풀어 주고는 해적들에게 철저히 감시하라고 지시했다. 지오가 귓속말이라도 할라치면 해적들은 바짝 다가와 거칠게 아이들을 떼어 놓았다.

'보물 지도가 아니라는 것을 알게 되면 실망이 이만저만이 아닐 텐데…….'

실버의 기대가 무너지는 순간, 지오와 친구들의 목숨이 위험에 처할 게 뻔했다. 지오는 일단 실버를 안심시켜야 겠다고 생각했다.

"암호도 풀고, 보물도 찾아 주겠다고 했잖아! 그러니까 우리 곁에서 제발 좀 멀찍이 떨어지라고!"

아뿔싸! 도둑맞은 지도

1) 포르투갈의 국가 비밀 지도가 이탈리아 지방 도시의 도서관에?

대항해 시대의 주인공이었던 포르투갈은 무려 100년 동안의 노력으로
바닷길을 통해 1498년 풍요의 땅 인도에 도착했어. 그리고 4년 후에 포
르투갈을 출발해 아프리카를 돌아 인도에 도착하는 비밀 항로가 그려진
지도를 만들었지. 그런데 이 중요한 지도가 왜 이탈리아의 작은 도시 도
서관에 보관되어 있었을까?

이 도서관의 주인은 이탈리아의 공작이었는데 포르투갈이 개척한 인도
항로의 비밀을 알고 싶어했지. 그는 첩보원을 파견해서 포루투갈 궁정의
지도 제작자를 매수해서 지도의 복제본을 빼돌린 거야. 그 첩보원의 이
름이 바로 '칸티노'. 그가 가져 온 지도가 <칸티노 세계지도>야. 도둑의
이름이 지도의 이름이 된 거지.

포르투갈의 <칸티노 세계지도> 1502년

2) 일본 대학 도서관에서 소개한 조선의 지도

1910년 한 일본 대학이 보관하고 있던 지도를 소개했는데 단번에 세계 지도 학자들의 집중을 받았지. 유럽의 대항해 시대보다 앞서서 그려진 역사상 최고로 오래된 '아프리카·유라시아 전도'였기 때문이야. 그런데 사실 이 지도는 일본의 것이 아니라 1402년 태종 때 만들어진 조선의 <혼일강리역대국도지도>의 사본이야. 임진왜란의 난리 통에 일본으로 넘어간 거야. 새 나라 조선이 야심차게 만든 지도였는데 안타깝게도 도둑맞아 버린 거야. 이 지도를 보면 조선이 지도를 통해 세계를 이해하려고 했다는 것을 알 수 있어. 중국, 일본과의 전쟁을 대비하고, 삼국 시대부터 이어져 온 아라비아와의 경제적 교류를 이어 가려 했지. 더욱 놀라운 것은 당시엔 잘 알려지지 않았던 유럽과 아프리카의 지역이 상세히 그려져 있다는 점이야. 어느 국가보다도 앞서서 세계를 넓게 인식하고 있었던 거지. 우리 조상들이 자랑스러울 따름이야.

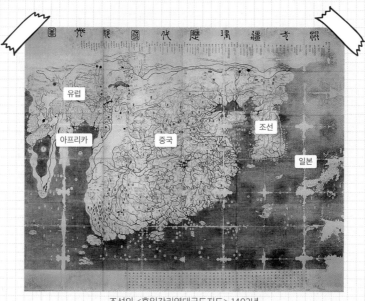

조선의 <혼일강리역대국도지도> 1402년

9
암호를 해독하라

해적들은 약간의 거리를 두고 지오 일행을 따라왔다. 아이들이 돌아보면 잡아먹을 듯이 눈을 부라렸지만 원하는 게 있어서인지 딱히 해코지를 하진 않았다.

지오가 옐로우의 지도를 다시 펼쳤을 때였다. 지도의 푸른 바다 위로 검은 글자가 올라왔다.

발 아 섬 마 키 제
래 북쪽을 다리 일곱형

태양이 떠 있으니 북쪽을 찾는 일은 문제도 아니었다. 하지만 '발아래 섬'이 무슨 뜻인지 지오는 도무지 알 수 없었다.

"섬으로 가라는 뜻 아닐까?"

양희가 눈을 끔뻑거리며 말했다.

"우리는 이미 섬에 와 있잖아."

"섬이면 아무 곳이나 상관없다는 걸까?"

"섬에서 가장 높은 곳이야. 그래야 섬 전체를 발아래 두는 거잖아."

"맞아. 그래야 섬이 다 보일 테니까."

서로 의견을 나누며 생각에 생각을 더할수록 '발아래 섬'의 의미는 분명해졌다.

"등고선이 가장 많이 그려진 산이 이 섬에서 제일 높은 산이야. 여기 이 산으로 가 보자."

지오는 등고선이 표시된 두 개의 산 중 하나를 가리켰다.

"해골 바위만 있는 줄 알았더니, 섬도 꼭 해골처럼 생겼어."

현아의 말처럼 섬은 해골을 닮아 있었다. 지오가 가자고 한 산은 섬의 중심에 위치해서 우뚝 솟은 코 같았다. 나란히 있는 늪과 작은 산은 마치 두 눈 같았다. 길잡이별을 찾기 전 헤매고 다닌 숲은 국수를 잔뜩 물고 있는 입 같아 보였다.

"산 양쪽에 있는 이곳은 동굴인가 봐. 여기가 우리가 머물렀던 동굴일 테고. 동쪽에 하나, 서쪽에 하나 있는 게 꼭 콧구멍 같다."

양희는 지도의 기호를 나름대로 해석하며 깔깔거렸다.

"해적 플린트가 보물을 숨기기에도 딱 좋은 섬이야. 해골 모양의 지도만 봐도 다들 무서워서 걸음아 날 살려라 하고 도망가겠다."

현아도 큰 소리로 웃었다.

"저도 같이 좀 웃읍시다. 선장님?"

실버가 험상궂은 얼굴을 아이들에게 들이밀었다.

"지도가 이 산으로 가라고 하네요. 산의 동쪽은 등고선의 간격이 촘촘한 걸 보니 가팔라서 오르기 힘들 거예요. 서쪽은 등고선 간격이 넓어요. 경사가 완만하다는 표시이니 시간이 좀 더 걸리더라도 서쪽으로 올라가요."

"코딱지만 한 섬의 산이 가파르면 얼마나 가파르고, 험하면 또 얼마나 험하겠습니까? 그냥 빠른 길로 갑시다, 선장님!"

실버는 보물에 눈이 멀어 자신이 외다리라는 것도 잊은 모양이었다. 가파르든 말든 무조건 빨리 가자고 고집을 부렸다. 실버는 사실 목발을 짚고도 웬만한 곳은 너끈히 다녔다. 섬에 있는 산쯤은 충분히 올라갈 수 있을 것 같기도 했다.

"정말로 괜찮겠어요?"

"꼬맹이들 걱정이나 하시고 어서 갑시다."

"동쪽 산으로 간 후에는 후회해도 소용없어요. 알겠죠?"

"어서 앞장서시죠!"

실버는 호기롭게 목발로 바닥을 쿵쿵 내리쳤다.

"좋아요, 가요!"

산 아래쪽은 완만해서 외다리 실버가 오르기에도 무리가 없었다. 그러나 올라갈수록 산세는 점점 더 험해졌다. 가파르기도 했지만 울퉁불퉁한 바위가 많아서 외다리 실버뿐 아니라 다른 일행들도 올라가기가 쉽지 않았다. 산 정상에 가까워질수록 속도는 느려졌다.

"선장님! 더는 못 가겠습니다. 어서 가서 키다리 일곱 형제를 확인하고 오시죠."

자신만만했던 실버는 정상을 코앞에 두고서 결국 포기 선언을 했다. 그러고는 목발을 팽개치듯 던져 놓고 바위에 벌러덩 드러누웠다.

"그렇게 내 말을 왜 안 들어요. 혹시 몰라 미리 말해 두는데 내려갈 땐 서쪽으로 갈 거예요."

"그렇다면 할 수 없죠. 지도를 내놓고 가시죠, 선장님."

"뭐라고요?"

"아니면 저 꼬맹이들을 두고 가시던지."

실버를 골려 주려다 도리어 일이 꼬여 버렸다. 지오는 체념하고 지도를 건네주려다가 주머니에 있는 다른 종이를 실버의 외투 주머니에 깊숙이 찔러 넣었다.

"잘 가지고 있어요. 여기서 꼭 기다려야 돼요."

"키다리 형제를 찾는 즉시 이곳으로 돌아와야 합니다."

"알았어요."

지오는 퉁명스럽게 대답하고 산 정상을 향해 올라갔다.

산 정상의 주변은 온통 바위여서 외다리 실버가 오르기에 무리였다. 힘이 들 뿐만 아니라 자칫 미끄러지기라도 하면 낭떠러지로 굴러 떨어질 수도 있었다.

아이들은 거미처럼 손과 발을 바위에 철썩 붙이고 개미 발자국만큼씩 기어올라 갔다. 먼저 정상에 오른 짐은 뒤따라 올라 온 관섭의 손을 잡고 끌어올렸다. 양희는 짐과 관섭의 손을 잡고 올랐고 곧이어 양희의 도움으로 현아도 정상에 올랐다. 친구들의 뒤를 지키던 지오는 짐의 도움을 받아 마지막으로 정상에 올라섰다.

"야호!"

지오의 함성을 따라 다들 '야호'를 외치며 사방을 휘둘러보았다. 발밑으로 섬 전체가 펼쳐졌다. '발아래 섬'이란 말이 절로 실감났다.

아이들은 양희가 건넨 물병의 물을 조금씩 나누어 마셨다. 어느 때보다 물맛이 달았다. 시원한 물이 바짝바짝 마른 목구멍을 타고 흘러내렸다.

정상에서 내려다보는 섬은 배에서 바라보았던 때와는 느낌이 달랐다. 해안에서 올려다본 모습과도 또 많이 달랐다. 동서남북으로 끝없이 펼쳐진 바다는 아이들의 가슴을 시원하게 뚫어 주었다.

"이렇게 멋진 광경을 놓치다니, 실버는 참 안됐네. 그러게 내 말대로 완만한 서쪽으로 올라왔으면 좋았잖아."

지오는 실버가 안됐다 싶으면서도 쌤통이라며 고소해했다.

"실버가 정상까지 올라왔다고 해도 과연 이 광경을 볼 수 있었을까?"

"한쪽 다리는 없어도 눈은 있는데 왜 못 본다는 거야?"

"보물 말고는 관심이 없는데, 이런 게 눈에 들어올 리 없지."

현아가 어른스럽게 말했다.

지오는 갑자기 부끄러운 생각이 들었다. 자기야말로 박물관에 관섭이 나타난 후로 현아와 친해질 기회를 놓쳤다는 생각에 사로잡혀 있었다. 박물관에 전시된 지도들을 제대로 보지 않았고 옐로우 큐의 설명도 귀담아 듣지 않았다. 아무 잘못도 없는 관섭에게 괜히 심통만 부렸다.

지오는 미안하고 고마운 마음으로 친구들을 하나하나 바라보았다. 혼자가 아니라서 다행이란 생각이 들었다. 지오가 친구들과 광활한 바다를 보며 감상에 젖은 것도 잠시, 어느새 뒤따라온 해적들이 키다리 일곱 형제를 찾으라며 재촉했다.

"무인도에 무슨 사람이 산다고 키다리 일곱 형제래, 쳇!"

관섭이 먼 바다를 바라보며 투덜댔다.

"키다리 일곱 형제가 꼭 사람이란 법은 없잖아."

"사람이 아니면?"

"글쎄, 이제부터 찾아봐야지."

짐이 얼른 망원경을 꺼내 지오에게 건넸다. 멀어서 잘 보이지 않던 것들이 망원경으로 보니 눈앞에 있는 것처럼 가깝게 보였다. 지도에 표시되어 있던 낮은 산과 늪지대도 금세 찾았다. 늪 주변은 물기가 많아서인지 다른 곳보다 나무와 잡풀들이 무성했다.

"찾았다, 키다리 일곱 형제!"

지오가 환호를 질렀다. 아이들은 망원경을 서로 돌려 보았다. 고만고만한 나무들 틈에 유난히 키 큰 나무 일곱 그루가 나란히 서 있었다.

그때 어디선가 딱딱거리는 소리가 들려왔다.

실버였다. 혼자 어떻게 올라왔는지, 목발로 바위를 두드리고

있었다. 해적들이 바위에 매달려 있다
시피 한 실버를 산 정상으로 끌어올
렸다.

"이런 가짜 지도를 주고 가면 내가 모
를 줄 알았어? 고약한 선장!"

화가 잔뜩 난 실버는 지오가 준
종이를 마구 구겨서 바닥에 팽개
쳤다.

"그 덕분에 여기까지 올라왔잖아요. 잘됐네요, 지금 막 키다리 일곱 형제를 만나러 출발하려던 참이었는데. 이제 가요."

지오는 짓궂게 웃으며 앞장서서 산을 내려가기 시작했다.

짐과 친구들이 따라가고, 해적들도 아이들을 놓칠세라 바짝 따라붙었다.

해적들이 가까이 다가오자, 아이들은 '꺅!' 비명을 내지르며 달렸다. 아이들과 해적들은 꼬리에 꼬리를 물고, 쫓고 쫓기며 산을 뛰어 내려갔다.

"이봐, 나도 같이 좀 가자고!"

한참을 뒤처진 실버가 신경질을 부리며 외쳤다.

지오와 아이들은 해적들이 따라오거나 말거나 완만해진 산등성이를 신나게 내달렸다. 산을 다 내려온 다음에도 아이들은 달리기를 멈추지 않았다. 정상에서 본 늪지대를 향해 바람을 맞으며 계속 내달렸다.

늪지대 가까이에 이르러서야 아이들은 속도를 줄이고 걸었다. 몇 발자국 앞서가던 양희가 갑자기 멈춰 서더니 하얗게 질린 얼굴로 웅얼거렸다.

"뭐라는 거야? 똑바로 말해 봐."

"뱀, 뱀이라고!"

양희의 운동화에 뱀 허물이 엉켜 있었다. 양희는 눈을 제대로 감지도, 뜨지도 못한 채 몸을 부들부들 떨었다. 뱀이 벗어놓은 허물이 양희 주변에 널려 있었다. 짐이 잽싸게 나서서 뱀 허물들을 주섬주섬 걷어 치워 버렸다.

"고마워, 짐."

"요괴도 때려잡은 누나가 고작 뱀 허물에 맥을 못 추다니 뜻밖이네요."

"그러게 말이야. 소녀 장사 우양희가 무서워하는 게 다 있었네."

지오가 싱긋 웃으며 놀렸다.

"무서운 게 아니라 징그러워서 그런 거야."

양희가 민망해하며 변명처럼 둘러댔다.

"오, 그래? 앗, 저기 뱀이다!"

"으악! 어디, 어디?"

소스라치게 놀란 양희는 까치발을 하고 폴짝폴짝 뛰어서 멀리 도망갔다. 그 모습을 보고 지오가 또 깔깔거렸다.

"또 시작이군, 박지오."

뒤따라오던 현아가 못말리겠다는 듯이 고개를 저으며 말하자, 뜨끔한 지오는 웃음을 뚝 멈췄다. 그러고는 용기를 내 현아에게 슬그머니 다가갔다.

"현아야, 있잖아…… 미안해."

"사과를 하려면 양희한테 해야지."

"응, 그래야지. 그런데 전에 교실에서 너한테 장난감 뱀 가지고 장난친 거 말이야. 그거 사과하고 싶어. 실은 너랑 잘 지내고 싶어서 그런 거였어."

"다 지난 일이야."

"다 지난 일이라고? 근데 왜?"

지오는 눈을 둥그렇게 뜨고 현아를 쳐다보았다.

"왜 너랑 말도 안 하고, 쳐다보지도 않았냐고?"

"응, 내 말이 바로 그거지."

"받아 주면 네가 끝도 없이 장난을 치니까. 박지오, 이제 제발 철 좀 들자, 응?"

"아, 그런 거였어. 장난을 줄이면 다시 친해지는 거네?"

"그거야 모르지. 네가 철이 좀 들면 그때 생각해 볼게."

현아는 지오를 곁눈으로 힐긋 보고는 아이들을 향해 뛰어
갔다.

'생각해 보겠다고? 좋은 징조 같은데!'

지오의 입이 귀밑까지 걸렸다.

두 번째 암호를 풀려면 산을 올라야 하니 경사가 완만한 길을
선택할 수 있도록 등고선에 대해서 알려 줄게.

지도를 읽는 약속, '등고선'과 '기호'

높은 산, 깊은 바다가 평평한 종이 위로 '등고선'

'등고선'은 같을 등(等), 높을 고(高), 줄 선(線) 이라는 뜻의 한자어
야. 즉 바다의 수면을 기준으로 높이가 같은 점들을 연결한 선이지.
색으로 나타내기도 하는데 높이가 낮으면 초록색이고 높아질수록
갈색으로 표현해. 경사가 급하면 등고선의 간격이 좁고 경사가 완
만하면 등고선의 간격이 넓어. 지도를 보고 산의 형태를 상상해서
그려 보면 쉽게 이해할 수 있어. 같이 해 볼까?

 어떤 모양의 산일까? 너희들도 그려 봐.

척 보면 알아요 지도 위의 '기호'

지도에는 장소를 나타내는 기호들이 있어. 아래 도표에 나와 있는
그림 같은 거야. 한 번 보면 무엇을 나타내는지 알 수 있도록 쉽고
간단하게 그려져 있어.

시청	◉	산	▲	학교	⚑
온천	♨	우체국	⌛	절	卍
폭포	••̲	논	⊥⊥	우물	⌗
과수원	○	밭	⫼	교회	⌶

우리도 한번 새로운 기호를
만들어 보자. 무엇을 그린 건지
다른 사람들이 단번에
알아본다면 훌륭한 기호를
만들어 낸 거야.

 양희야, 뭐 하니?

 엄마가 사 준 과자를 숨겨 놓은 곳을 이 지도에 표시해 두려고.
잊어버리면 곤란하잖아.

 너도 참, 연구 대상이다.

10
첫째와 막내의 비밀

늪지대에 도착한 아이들은 환호하며 일곱 그루의 나무 사이를 뛰어다녔다.

"키다리 일곱 형제도 찾았고, 이번에는 또 어떤 암호가 나올까?"

지오는 키다리 나무 밑에서 지도를 다시 펼쳤다. 아이들은 지도를 보기 위해 옹기종기 머리를 맞댔다. 저도 모르게 긴장한 아이들의 손에는 땀이 차올랐고 호기심과 기대로 눈은 반짝거렸다.

"나도 같이 보자고, 선장!"

지오가 가짜 지도로 장난을 친 뒤로, 실버는 지오를 선장님이 아닌 선장으로 불렀다. 꼬박꼬박 "선장님, 선장님." 하고 불러 대는 바람에 낯간지러웠던 지오는 차라리 다행이다 싶었다. 하지만 두 번은 속지 않겠다고 다짐한 실버가 일일이 지오의 행동을 감시하고 나서니 더 귀찮아졌다.

"암호가 나타난다!"

"지도가 또 뭐라는 거야, 선장?"

첫째이 십 보막내 삼 보세형제 기쁜만남

지오가 암호문을 읽자, 실버는 보물을 벌써 찾기라도 한 것마냥 흥분했다.

"오호, 세 형제가 만나는 지점에 보물이 있다는 말이로군. 첫째는 이놈이고 막내는 저놈이렷다!"

실버는 양 끝의 나무를 가리켰다. 그러고는 나무 사이를 분주하게 오가며 걸음 수를 헤아렸다. 그러나 이상하게도 첫째와 막내가 만나는 곳은 자꾸 어긋났다. 다른 부하들을 시켜 걸어 보게도 했지만 결과는 마찬가지였다. 게다가 걷는 사람에 따라 만나는 곳도 다 달랐다.

마음이 급한 실버는 해적들을 시켜 이곳저곳을 파헤쳤지만 아무것도 나오지 않았다. 꿈에 그리던 보물을 찾지 못하자 실버는 얼굴이 붉으락푸르락 달아올랐다.

"이봐, 선장! 제대로 읽어 준 거 맞아? 내가 글자를 모른다고 속인 거 아냐? 만일 그런 거라면 선장도, 저 꼬맹이들도 무사하지 못할 거야!"

화가 난 실버는 아이들에게까지 나무 밑을 마구잡이로 파게 했다. 땅을 파던 아이들은 지오를 향해 해결 방법을 좀 찾아보라고 아우성을 쳤다.

난감하기는 지오도 마찬가지였다. 북쪽 마을도, 키다리 일곱 형제도, 첫째와 막내도 제대로 찾은 것 같은데 세 형제가 만나는 곳이 어디인지 도통 알 수가 없었다.

"선장, 파라는 땅은 안 파고 뭐해? 친구들이랑 상어 밥이 되어 볼 테야?"

실버는 끝내 폭발하고 말았다.

"생각하는 중이니까 좀 기다려 봐요."

"일부러 이러는 거지? 보물을 못 찾으면 각오하라고!"

실버는 금방이라도 잡아먹을 듯이 눈을 부라렸다.

"우리를 상어 밥으로 준 다음에는 어떡할 거죠? 아마 실버도 영원히 보물을 찾지 못할걸요!"

"흠, 날 속일 생각이라면 어림없어!"

"내가 장난은 좀 쳐도 남을 속이지는 않아요."

"좋아! 한 번 더 기회를 주지. 이번이 마지막이란 걸 명심해!"

실버가 어금니를 꽉 물고 지오를 노려보았다.

실버는 지오와 아이들을 한곳에 몰아넣었다. 보물이 있는 곳을 알아낼 때까지 철저히 감시할 생각이었다.

이번에도 세 형제가 만나는 지점을 제대로 찾아내지 못하면 실버가 무슨 짓을 할지 몰랐다.

"첫째와 막내 그리고 세 형제. 세 형제라……."

지오는 걱정스러운 마음으로 지도를 뚫어져라 보았다.

"아하! 왜 진즉 그걸 생각 못 했지?"

지오는 자신의 이마를 탁 치면서 낮은 소리로 외쳤다.

"암호를 풀었어?"

현아의 물음에 지오는 고개를 끄덕이고는 의기양양하게 실버를 불렀다. 실버, 아이들, 해적들 모두 지오의 곁으로 모여들었다.

"설명은 한 번만 할 거예요, 집중해서 잘 들어요."

모두 귀를 쫑긋 세우고 지오를 바라보았다.

"제대로 말해 봐, 안 그럼 알지?"

실버는 으름장을 놓으면서도 지오의 말을 듣기 위해 바짝 다가와 있었다.

"자, 생각해 보자고요."

지오는 사람들을 둘러보고는 설명하기 시작했다.

"암호가 말하는 첫째와 막내가 저 나무에만 해당하는 것일까요?"

"……"

"나무는 걸을 수 없고, 걸을 수 있는 건 사람이잖아요."

"그렇지! 그래서 우리가 이렇게 열심히 걸었잖아."

"무작정 아무나 걸으니 찾지 못했죠. 일곱이나 되는 형제의 첫째와 막내라면 걸음 폭이 상당히 차이가 나지 않겠어요?"

"……"

"아하! 보폭이 비슷한 사람들이 첫째와 막내 역할을 했으니 어긋날 수밖에 없었던 거네."

현아가 가장 먼저 지오의 말을 알아듣고 눈을 반짝였다.

"그래서, 보물은 어디 있다는 거야?"

마음이 급한 실버가 다그쳐 물었다.

"아직도 이해를 못 했나 보네. 실버 씨, 서두른다고 될 일이
아니라고요!"

지오는 실버를 노려보고 나서 다시 말을 이었다.

"우리 중에 키가 가장 큰 실버가 첫째, 그리고 가장 작은 짐
이 막내를 하면 되겠네요."

지오는 양 끝에 있는 나무 중 키가 큰 나무 옆에 실버를, 그
리고 키가 작은 나무 옆으로 짐을 세웠다. 그러고는 암호의
지시대로 실버에게 이십 보를, 짐에게 삼십 보를 각각 걷게 했
다. 외다리 실버의 걸음 폭은 짐의 세 배 가까이 되어서 그 둘
은 일곱 형제 중 다섯째 앞에서 마주쳤다.

실버는 너무나 기쁜 나머지 짐을 번쩍 안아 올렸다. 짐은 내
려 달라며 허공에서 발버둥을 쳤다.

"와, 어떻게 안 거야?"

아이들이 놀란 표정으로 지오를 바라보았다.

"비밀은 축척을 알려 주는 막대자에 있어."

지오는 친구들에게 눈을 찡긋해 보였다.

실버는 버둥거리는 짐을 팽개치듯 땅에 내려놓았다. 그러고

는 해적들을 불러 얼른 세 형제가 만난 지점의 땅을 파게 했
다. 삽질을 하는 해적들의 팔뚝에는 힘이 넘쳤고 이마에는 땀
방울이 송골송골 맺혔다.

해적들은 보물을 찾은 기쁨에 목청 높여 노래를 불러 댔다.

지오는 실버와 해적들이 들떠 있는 틈을 타, 친구들과 짐을
조용히 불러 모았다.

키다리 일곱 형제 다정도 하여라~

보물을 발밑에 숨기고 시치미 뚜욱~

하지만 해적들은 다 안다네~

플린트의 보물이 이곳에 묻혀 있다네~

영~차 영~차 어영~차 어영~차~

"실버가 곧 우리를 잡으려고 길길이 날뛸 거야. 정신 바짝 차리고 있다가 내가 신호를 보내면 다들 보트가 있는 해안으로 힘껏 달려."

"도대체 왜 또 뛰란 거야?"

관섭은 뛰라는 말에 벌써 죽을상이 되었다.

"보물은 없고 빈 상자만 있을 텐데, 실버가 우리를 가만 두겠어?"

현아는 『보물섬』 이야기를 기억하는 터라 지오의 말을 곧바로 알아들었다. 현아는 해적들이 눈치챌까 봐 걱정되어 실버를 곁눈질했다. 그러다 하필, 실버와 눈이 딱 마주치고 말았다. 현아는 심장이 멎는 줄 알았다.

다행히 해적 하나가 뭔가를 발견했다며 외치는 덕분에 실버의 눈이 비켜 갔다.

"보물 상자가 나타났다!"

"보물이다! 보물!"

해적의 외침에 앵무새가 덩달아 요란을 떨었다.

"얘들아, 뛰어!"

지오가 낮은 목소리로 외쳤다. 아이들은 일제히 달리기 시작했다.

"또 나를 속였군! 이번엔 가만 두지 않겠어, 선장!"

실버와 해적들이 텅 빈 보물 상자를 확인하는 데는 그리 긴 시간이 걸리지 않았다. 해적들은 삽을 든 채 아이들 쪽으로 달려왔다. 어떤 해적은 칼을 빼 들고 쫓아왔다.

아이들은 도망치느라 정신이 없었다. 지오와 관섭은 방향이 엇갈려 부딪치고, 현아와 양희는 서로의 발에 걸려 넘어졌다. 우왕좌왕, 야단법석이었다.

실버는 성큼성큼 우악스럽게 쫓아왔다.

"원하는 대로 지도의 암호를 풀어 줬잖아요!"

지오는 뒤쫓아 오는 실버를 향해 소리쳤다.

"보물이 없잖아, 보물이!"

실버는 제 분을 이기지 못해 목발을 마구 휘둘러 댔다. 그 바람에 나뭇가지에 매달려 있던 벌집이 땅에 떨어졌다.

성난 벌들은 우르르 나와 실버를 공격했다. 벌에게 쫓기며 허둥대는 실버를 보자, 아이들은 웃음이 저절로 터져 나왔다. 벌과 사투를 벌이는 실버는 멀어졌지만 다른 해적들은 아이들을 바짝 뒤쫓아 왔다. 아이들은 해적들의 손에 잡힐 듯 말 듯 아슬아슬했다.

"으악! 냄새난다고, 이나 닦고 쫓아오라고!"

관섭은 해적이 바짝 쫓아오자 버럭버럭 소리를 질러 댔다.

도망치던 아이들이 멈춘 곳은 절벽의 끝이었다. 뛰다 보니 목적지와는 전혀 다른 방향으로 온 것이다. 앞은 낭떠러지고 뒤는 해적이었다. 몇 발짝만 움직여도 금방 절벽 아래로 떨어질 판이었다.

칼과 삽을 든 해적들이 누런 이를 드러내며 능글능글 웃으며 다가왔다.

"쥐방울만 한 것들! 우리를 속였으니 각오는 되었겠지?"

해적은 날카로운 칼을 휘두르며 더욱 가까이 다가섰다. 아이들은 겁에 질려 뒷걸음질을 쳤다.

"지금까지 도망쳤는데 이제 와서 잡힐 수는 없어. 그냥 우리 같이 뛰어내리자."

지오의 말에 아이들은 누가 먼저랄 것도 없이 서로의 손을 맞잡았다. 절벽 밑을 힐끔거리던 관섭의 다리가 순간 맥없이 풀려 비틀거렸다. 그 바람에 뭉쳐 있던 아이들이 휘청거렸다.

"겁내지 마. 우린 체험 활동 중이라고. 어떻게든 살아서 이곳을 빠져나갈 거야."

"맞아. 지도의 암호도 풀었잖아."

아이들은 절벽의 아찔한 광경에 이를 악물고 눈을 질끈 감
았다. 그리고 모두 함께 절벽에서 뛰어내렸다.

"악!"

"아악!"

"선장님~!"

"사람 살려~!"

"엄마아~!"

"헬로와 큐~!"

지오가 말했지. "비밀은 축척을 알려 주는 막대자에 있어."
어떻게 암호를 풀었을까? 지오의 생각을 따라가 보자!

넓은 땅을 작은 종이 안에 쏙 '축척'

소축척 지도, 대축척 지도

넓은 땅을 작은 종이 위에 표현하려면 실제 거리를 줄여서 표시해야 하지. 즉 길이를 줄인 정도를 '축척'이라고 해. 어떤 지역을 줄여 아주 작게 보인다면 '작을 소(小) 자를 붙여서 '소축척'이라고 해. 똑같은 지역을 비교적 조금 줄여 크게 보인다면 '큰 대(大) 자를 붙여서 '대축척'이라고 하지.

소축척 지도	대축척 지도
넓은 지역을 간단히 보여 준다.	좁은 지역을 자세히 보여 준다.
지역과 주변과의 위치나 거리를 알 수 있다.	지역 정보를 자세히 알 수 있다.

5만분의 1 지도라든가, 20만분의 1 지도라는 말을 들어 보았지. 5만분의 1 지도라는 것은 실제의 길이를 5만분의 1로 줄여서 지도에 표시했다는 뜻이야. 지도에는 주로 아래의 세 가지 방법으로 축척을 표시하지.

1/50,000	1:50,000	0 500m
분수식	비례식	막대자

1) 지오의 '축척' 암호 해독 따라잡기

1. 지오는 '옐로우의 지도' 왼쪽 아래에서 축척을 알려 주는 막대자를 발견했지. 1:300 이라고 쓰여 있는 것은 이 지도가 3백분의 1 지도라는 뜻이야.

0   3   6   1 : 300

2. 막대자로 지오는 실제 거리를 가늠할 수 있게 된 거지. 막대자 한 칸의 거리는 3m(300㎝)야. 나무의 간격을 보니 막대자 한 칸의 간격과 비슷하네. 즉 나무는 3m 간격으로 심어져 있는 것이 확실해졌어.

3. 가장 키가 큰 실버를 첫째 나무 앞에 세우고 막내 나무를 향해 20보를 걷게 한다면 그 위치가 어디일까? 어른 남자의 보폭은 약 60㎝야.

60㎝ x 20보 = 1,200㎝ (12m)
12m면 3m 간격의 나무를 지나 다섯 번째 나무 아래지.

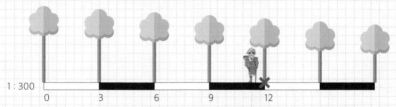

4. 마지막으로 가장 키가 작은 짐을 막내 나무 앞에 세우고 첫째 나무를 향해 30보를 걷게 한다면 그 위치는 어디일까? 짐의 한 걸음은 약 20㎝야.

20㎝ x 30보 = 600㎝(6m)
6m면 3m 간격의 나무를 지나 세 번째 나무 아래지.

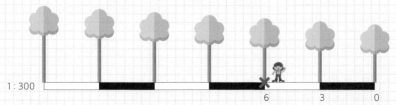

5. 이렇게 해서 선장과 짐이 만나는 왼쪽에서 다섯번째 나무아래 보물이 있다는 걸 지오가 알아냈단다.

11
지도의 목적

이렇게 생을 마감하는구나, 싶은 순간이었다. 지오는 몸이 허공에 붕 뜨는 것을 느꼈다.

"우리가 날고 있어요, 선장님!"

아이들은 날개 달린 커다란 'Q'에 올라타 있었다. 옐로우 큐가 지오의 옷에 꽂아준 배지와 똑같은 모양이었다. 배지에 이런 능력이 있었다니, 지오는 그저 놀랍기만 했다.

Q 배지는 커다란 날개로 바람을 가르며 하늘을 날았다. 짐이 환호성을 하고, 현아와 양희가 탄성을 질렀다.

"꼴좋다! 여기까지 한번 쫓아와 보시지?"

관섭은 약이 바짝 올라있는 해적들을 골렸다.

Q 배지는 절벽 주위를 크게 한 바퀴 돌더니 절벽 아래의 동굴로 아이들을 데려갔다. 아이들은 어리둥절하면서도 신이 났다.

"정말 대단했어!"

"죽다 살아난 기분이야."

아이들은 빨갛게 상기된 볼을 하고 엉거주춤 Q 배지에서 내렸다.

"노관섭 넌, 안 내려?"

"지오야, 우리 이거 한 번만 더 타자. 응?"

"야! 지금이 어느 때인데 혼자 꾸물대고 그래? 하지만 뭐, 재미있으니까 한 번 더 탈까?"

지오는 정색하는가 싶더니 맞장구를 치며 히죽거렸다. 짐까지 죽이 맞아서 남자아이들은 Q 배지에 다시 올라탔다.

"날아라, 날아!"

지오, 관섭, 짐이 동시에 외쳤다. 그러나 아무리 엉덩이를 비비적거려도 커다란 Q는 날기는커녕 점점 오그라들기 시작하더니 아이들이 일어서기도 전에 다시 배지가 되었다. 남자아이들은 땅바닥에 쿵, 엉덩방아를 찧었다.

현아는 신기해하며 배지를 주워 지오에게 건넸다.

"네 배지가 우리의 목숨을 구했어."

"이거, 체험관에 가기 전에 옐로우 선생님이 주신 거야."

"어떤 일이 벌어질지 처음부터 다 알고 있었나 보네."

현아는 이 모든 게 옐로우 큐의 계획일지도 모른다는 생각이 들었다.

동굴 안에서 아이들은 옐로우의 지도 앞에 빙 둘러앉아 저마다 심각한 고민에 빠져들었다.

"지도의 암호를 풀면 돌아올 수 있다고 했는데……."

내내 씩씩하던 양희가 어깨를 축 늘어뜨렸다.

"우리가 싸워서 옐로우 선생님이 벌을 준 거야. 해적들한테 쫓기면서 실컷 고생이나 하라고."

관섭은 동굴이 무너져라 한숨을 내쉬었다.

"벌 주는 거면 너랑 나만 이곳에 있어야지. 현아와 양희는 아니지."

지오는 풀이 죽어 말했다.

"서쪽 끝에서 달도 잡았지. 북쪽 마을 키다리 일곱 형제도 찾아냈지. 첫째와 막내가 만나서 기뻐하는 곳도 알아냈지. 하라는 대로 다 했는데 왜 우린 아직도 여기에 있냐고?"

양희는 이제 그만 돌아가고 싶다며 입을 쭉 내밀었다.

"우리가 놓친 게 있어. 옐로우 선생님이 우리한테 힌트를 하나 줬잖아."

"힌트? 그게 뭔데?"

답답한 지오가 현아에게 재촉 했다.

"지도를 제대로 읽으려면 만든 사람의 목적을 알아내야 한다."

현아는 옐로우 큐가 해준 마지막 말을 지오에게 전했다.

"목적?"

"그래, 목적. 옐로우 선생님은 이 지도를 자기가 만들었다고 했어. 이 지도를 만든 선생님만의 목적이 있는 거야."

"옐로우 선생님의 목적이야, 뻔하지. 우리를 괴롭히려고……."

관섭이 끼어들어 말했다.

"아니! 이곳으로 우리를 보낸 것은 기회를 주기 위해서야."

"무슨 기회?"

"우리가 서로 친해질 기회를 만들어 주기 위한 게 아닐까? 지도의 암호를 풀면서 아슬아슬 무섭기도 했지만, 사실 난 좀 재미있었거든."

"나도 양희 생각이랑 같아. 박물관에 있을 때만 해도 우리는 서먹서먹했잖아. 누구는 서로 못 잡아먹어서 안달이기도 했지."

"그런 거 아니거든."

지오가 발끈했다.

"나도 뭐, 박지오가 덜 싫어진 것 같긴 해."

관섭은 팔짱을 낀 어깨로 지오를 툭 건드렸다.

아이들은 지도를 만든 옐로우 큐의 목적을 그제야 어렴풋이 알게 되었지만 여전히 박물관으로 돌아가지 못하는 상황이 이상했다.

양희는 턱을 괴고 골똘히 생각하다가 짐을 보고는 걱정스럽게 물었다.

"짐, 너는 어쩌니? 보물도 못 찾고."

관섭도 짐을 쳐다보니 새삼 걱정이 되었다.

지오는 짐과 실버를 생각했다. 짐과 실버에게 이 지도는 플린트의 보물 지도다. 이 지도의 또 하나의 목적은 보물을 찾는 것. 『보물섬』의 이야기가 끝나려면 보물을 찾아야 한다. 여기까지 생각이 미친 지오가 친구들을 둘러보며 말했다.

"우리는 서로 도와가며 지도의 암호를 풀었어. 모험을 함께 하면서 친해지기도 했지. 옐로우 선생님이 만든 지도의 목적을 제대로 읽어 낸 거야. 하지만 이 지도는 플린트의 보물 지도이기도 해. 지금껏 짐이 우리를 도왔던 것처럼 우리도 짐을 도와 끝까지 보물을 찾아보자."

"아이고, 없는 보물을 대체 어디서 찾으란 말이더냐?"

관섭이 연극배우의 흉내를 내며 탄식했다.

지오는 모든 실마리가 이제야 풀린 듯했다. 아직은 어디서 보물을 찾아야 할지 막막했지만 보물을 찾으면 박물관으로 돌아갈 수 있다는 확신이 생겼다.

그때 실버의 앵무새가 "선장!"을 시끄럽게 외치며 동굴 입구에 나타났다. 곧 실버가 나타나리라는 것은 뻔한 일이었다.

지오는 숨을 모아 크게 내쉬고는 입구를 주시했다.

곧이어 실버가 동굴로 들어섰다. 옷에는 진흙이 말라붙고 벌에 쏘인 얼굴과 팔뚝에는 검붉은 반점들이 올라와 흉측한 몰골이 이루 말할 수 없었다.

"이런 데 숨어 있으면 내가 못 찾을 줄 알았나, 선장?"

지오 앞에 우뚝 선 실버의 목발과 다리 사이 바닥에 희미한 그림이 보였다. 부자연스러운 자세로 누운 해골의 손이 동굴 안을 가리키고 있었다. 관섭이 봤다던 그 해골 그림이었다.

보물이 있는 곳을 표시해 둔 플린트의 표식이 분명했다.

"보물 때문에 여기까지 쫓아온 거겠죠?"

지오는 친구들을 뒤로 하고 당당히 실버와 마주했다.

"어디로 빼돌렸는지 말해, 어서!"

"실버가 원하는 보물은 저 안에 있어요."

지오는 해골 그림의 손이 향한 동굴 안쪽을 가리켰다.

"아니면 어떡하려고?"

관섭이 지오의 등 뒤에서 낮은 목소리로 물었다.

"여기까지 왔는데 뾰족한 방법도 없잖아. 보물이 동굴 안에 있기만을 바라는 수밖에."

지오가 나직이 속삭였다.

실버는 아이들을 동굴 안쪽으로 거칠게 떠밀었다. 동굴 깊숙이 들어가자 잠자고 있던 박쥐들이 해적들의 횃불에 놀라 깨어났다. 박쥐 떼가 푸드덕거리며 공격하듯 일제히 날아들었다.

"이놈의 박쥐들, 저리 안 가!"

실버는 횃불을 휘둘렀다.

박쥐들은 한바탕 소동을 벌인 뒤에야 사라졌다. 지오 일행

은 다시 어둡고 고요한 동굴 안으로 조심스럽게 걸어 들어갔
다. 동굴은 점점 더 좁아지고 구불구불하게 이어졌다.

"보물이다! 보물이다!"

앞서 날아간 앵무새의 시끄러운 소리가 동굴 안에 울려 퍼
졌다.

해적들은 아이들을 제치고 앵무새의 소리를 따라 뛰어 들
어갔다. 이내 해적들의 탄성이 동굴 안에 크게 울렸다.

아이들은 희미한 불빛을 따라 안으로 들어갔다. 동굴의 모
퉁이를 돌자 천장 구멍으로 바깥의 빛이 쏟아져 들어왔다.

동굴의 광장 한가운데에 실버가 찾던 플린트의 보물이 탑
처럼 높게 쌓여 있었다.

지오는 보고 있으면서
도 믿겨지지 않았다.

마치 영화의 한 장면처
럼 높이 쌓아 올려진 금

괴와 은화 더미들 그리고 보석 장신구들이 영롱한 빛을 뿜어
내고 있었다.

"예쁘고 마음씨 착한 아가씨랑 결혼해서 떵떵거리며 살 거
야."

실버는 보물을 얼굴에 부비며 감격에 겨운 눈물을 흘렸다.

보물을 헤집고 다니던 해적들은 잠시 후 누가 보물을 얼마
나 가져갈 것인지를 놓고 저희끼리 다투기 시작했다.

이제 짐과 헤어질 시간이 되었다. 지오는 조용히 친구들을
불러 모았다.

"꼬마 선원 짐, 히스파니올라호의 선장은 이제 너야."

지오는 자신의 선장 모자를 벗어서 짐에게 씌워 주었다.

"선장님이 계신데, 무슨 말입니까?"

짐은 적잖이 당황했다.

"짐 선장님, 축하해요!"

현아와 양희는 해적들이 들을까 소리 없는 박수를 쳤다.

"넌, 축하 안 해? 짐이 선장이 됐는데."

관섭은 마지못해 엿가락처럼 늘어진 박수를 치다가 여자아
이들이 눈을 흘기자, 손에 힘을 주고 박수 소리를 크게 냈다.

그때였다. 옐로우의 지도가 갑자기 불길에 휩싸였다.

"얘들아, 지도가, 옐로우의 지도가……."

양희가 말을 더듬는 사이, 지도는 한 점의 재도 남기지 않고 사라졌다. 아이들은 멍한 얼굴로 서로를 마주했다. 지오가 사라지던 그때처럼 자신들의 모습이 변하고 있다는 것을 알아챘다.

"이제 박물관으로 돌아가는 건가."

"용감하고 똑똑한 꼬마 선장 짐! 너를 꼭 기억할게."

양희는 두 눈 가득 눈물이 고인 채로 짐의 손을 잡았다.

"짐, 함께해서 즐거웠어."

현아도 서운한 표정으로 작별 인사를 했다.

지오는 옐로우 큐가 그랬던 것처럼 Q 배지를 짐의 셔츠에 달아 주었다. 혼자 남겨진 짐에게 분명히 도움이 될 거라고 생각하면서.

현아와 양희가 동굴에서 사라지고 곧이어 지오와 관섭도 사라졌다. 관섭은 짐과 제대로 작별 인사를 하지도 못한 채였다.

이 퀴즈를 풀어 보면 어떤 지도가 정확한 지도인지 알게 될 거야.

대륙의 크기, 어떤 지도가 진실일까?

• 아래 메르카토르 도법의 지도를 보고 다시 퀴즈를 풀어 보자.

아프리카는 그린란드의 2배 정도 크기이다. (O , X)

• 아래 로빈슨 도법의 지도를 보고 다시 퀴즈를 풀어 보자.

아프리카는 그린란드의 2배 정도 크기이다. (O , X)

정답은 (X)
아프리카 면적은 3,020만㎢, 그린란드 217만㎢로
아프리카는 그린란드의 약 14배입니다.

1) 왜 정확하지 않은 지도를 만들고 사용했을까?

퀴즈를 풀어 보면 '메르카토르 도법'으로 그린 지도보다 '로빈슨 도법'의 지도가 대륙의 크기를 더 정확하게 표현했다는 것을 알 수 있어.

그렇다면 왜 정확하지 않은 지도를 만들고 사용해 온 것일까?

둥근 공 모양인 지구를 평면의 종이 위에 정확하게 그릴 수 있을까? 귤껍질을 까서 종이 위에 펼쳐 놓는다고 상상해 봐. 지도 제작자들은 지구를 보다 정확하게 표현하기 위해서 연구하기 시작했지. '메르카토르 도법'으로 세계지도가 그려진 시기는 신대륙을 발견하기 위한 항해가 활발하게 이루어지던 시대야. 당시의 탐험가들에게는 이 지도의 인기가 매우 높았지. 그 후로 메르카토르 도법의 지도가 일반적인 세계지도가 된 거야. 하지만 이 도법의 지도는 북극과 남극에 가까운 나라일수록 면적이 실제보다 넓게 그려진다는 단점이 있어. 미국이나 러시아 같이 북쪽에 있는 나라들은 자기들 땅이 넓게 표현되니까 좋았을 것 같아. 하지만 아프리카나 남아메리카 같이 적도와 가까운 나라들은 실제보다 작게 표현되니 좋지 않았겠지. 요즘은 우리나라를 포함한 많은 나라들이 보다 정확한 '로빈슨 도법'의 지도를 공식적으로 사용하고 있어.

원통 투영법으로 지도 그리기

종이로 투명한 지구본을 한 바퀴 감았어. 지구본 안에 있는 전등을 켰어. 원통의 종이 위에 땅 모양의 그림자가 생기겠지. 그림자를 따서 그리면 지도가 완성돼. 메르카토르 도법이나 로빈슨 도법은 이 방법을 기본으로 그려진 도법이야.

원통 투영법

지도를 그릴 때 사용하는 여러가지 투영법, 출처 : 에듀넷 티클리어

세상의 문제를 바라보는 지도

요즘 만들어지는 지도들은 위성 지도 제작 시스템으로 만들기 때문에 지표를 놀라울 정도로 정확하게 표현할 수 있어. 점차 넓어지는 사막, 파도에 깎여 나간 해안선, 녹아내리는 빙하까지 지구의 변화를 실시간으로 확인할 수 있지. 중세인들은 생각을 지도에 표현했다는데, 현대인들은 눈에 보이는 것들만 지도로 그려 낼까? 마음이나 생각을 표현한 지도는 이제 사라진 걸까? 그렇지 않아. 현대인들은 한눈에 세상 사람들의 삶을 꿰뚫어 보기 위해서 다양한 통계지도를 만들어. 이런 지도는 사회 문제를 정확히 바라볼 수 있게 해 주는 지도지. 아래의 지도처럼 색깔의 변화로 사람들의 삶을 표현한 통계지도가 있어. 행복한 사람들이 많이 사는 나라를 알 수 있어. 그 나라 사람들이 왜 더 행복한지 이유를 밝혀 내어 배울 수 있겠지.

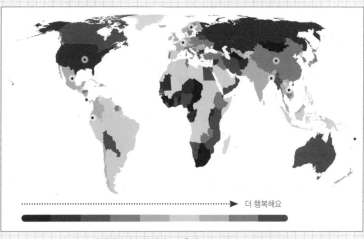

더 행복해요

<2018년 세계행복지수 통계지도> 출처: http://happyplanetindex.org

아래의 지도들은 좀 이상하지? 나라의 실제 면적을 무시하고 사회현상의 정도를 크기로 표현한 통계지도야. 더 확실하게 상황을 파악할 수 있겠지? 유럽과 오스트레일리아는 세계에서 가장 유기 농업이 발달한 나라이고 반면에 아프리카는 유기 농업을 하지 않는 나라라는 것을 한눈에 알 수 있어.

<2016년 유기농 생산량 통계지도> 출처 : http://worldmapper.org

노벨상은 다이너마이트를 발명한 노벨의 유언에 따라 1901년 부터 매년 인류의 복지에 공헌한 사람이나 단체에게 수여하는 상이야. 지도를 보니 아메리카, 캐나다, 유럽의 국가가 가장 크게 표시되어 있지. 그동안 이 나라에 사는 사람들이 노벨상을 많이 받은 거야. 사람들은 이 지도를 보고 과연 이 상이 처음의 취지에 맞게 공정하고 공평하게 수여되고 있는지 생각하게 됐지.

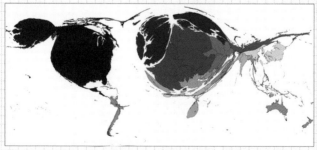

<1901-2018년 세계노벨상 수상자 분포 통계지도> 출처 : http://worldmapper.org

12
돌아온 지오

어린이 체험관 입구의 시계가 정오를 알리고 있었다. 아이들이 사라진 지 두 시간이 지난 후였다. 옐로우 큐는 공 머리를 매만지며 아이들을 기다리고 있었다.

지오가 가장 먼저 박물관으로 돌아왔다. 바닥 전시대 위에 나타난 지오는 발밑의 파도를 보자 심장이 쿵 주저앉았다. 히스파니올라호로 다시 온 줄 알고 깜짝 놀랐다. 친구들이 하나둘씩 나타나는 것을 보고서야 마음을 놓았다.

"무사히 돌아왔군요."

옐로우 큐는 여전히 차가워 보였지만 입꼬리를 살짝 올린 채 엷은 미소를 짓고 있었다.

"엄마 아빠도 못 보고 죽는 줄 알았어요."

지오의 엄살에 아이들은 서로를 곁눈질하다가 키득키득 웃었다.

"표정들을 보니, 보물섬에서의 모험이 나쁘지만은 않았던 모양이군요."

"겨우 살았다니까요. 옐로우 선생님은 재미있으셨어요?"

"여러분을 위험한 곳에 보내 놓고 설마 내가 재미를 즐겼을 거라고 생각하는 거예요?"

"그런 건 아니겠죠. 아무튼 황금빛 털 요괴한테 고맙다고 전해 주세요."

지오는 장난스럽게 눈을 찡긋했다.

처음 박물관에 들어섰을 때와는 달리 아이들은 서로 장난치며 와자지껄 떠드느라 정신이 없었다. 박물관 중앙 홀로 다시 나온 아이들은 옐로우 큐와 마지막 인사를 나누었다.

"자, 그럼 이만. 다음에 기회가 있으면 또 만나도록 합시다. 다들 조심히 돌아가요."

불과 두 시간이 지났을 뿐이지만, 『보물섬』 이야기 속에서 1박 2일을 보낸 지오에게는 참으로 긴 하루였다. 지쳐서 집에 들어서는데, 엄마가 폭풍처럼 질문을 퍼부었다.

"지도 박물관은 어땠니? 재미 있었어? 장난치다 또 선생님
께 혼난 건 아니지? 현아랑은 화해했어?"

"엄마, 한 번에 하나씩만, 네?"

"그래서 지도 박물관 체험은 어땠냐고?"

"새로웠어요. 그런데 언제 내가 현아랑 싸웠나요?"

지오는 시치미를 뚝 떼고 말했다.

"좀 컸다고 말 돌리기는. 아무튼 시간 맞춰 잘 왔다. 엄마는
마트에 다녀올 테니까 동생이랑 좀 놀아 주고 있어."

지오는 내키지 않았지만 그러겠다고 대답했다. 보나마나 동
화책을 읽어 달라며 귀찮게 할 것이 뻔했다. 여섯 살인 동생
은 아직 글자를 모른다.

"형아, 지오 형아, 이거 읽어 줘."

엄마가 현관문을 나서자마자 동생은 동화책을 한아름 들
고 지오를 쫓아왔다.

"형은 지금부터 체험 활동 보고서 써야 하거든…… 에휴,
알았다, 알았어. 이리 줘 봐. 이 실버 같은 녀석아."

지오는 동생의 시무룩한 표정을 보니 마음이 약해져서 동
화책을 읽어 주기로 했다. 하지만 지오는 지도 박물관에서 있
었던 일을 이야기인 양 꾸며서 늘어놓았다.

"진짜? 형아가 정말로 해적을 물리쳤어? 어떻게, 어떻게?"

동생의 눈이 휘둥그레졌다.

"진짜라니까. 박물관으로 돌아오지 못한 아이들이 있다는 소문도 있어. 네 형님은 말이야, 그 어려운 해골 지도의 세 가지 암호도 다 풀고, 무시무시한 해적들을 용감하게 물리쳐서 돌아올 수 있었던 거야."

"형, 대단하다!"

"에헴, 그렇지? 네가 보기에도 이 형이 좀 굉장하지?"

엄마가 들어오자 동생은 쪼르르 달려갔다. 형이 암호를 풀고 짐의 보물도 찾아주었다는 놀라운 소식을 전하느라 좀처럼 흥분을 가라앉히지 못했다.

엄마는 형이 그랬냐며 대단한 형이라고, 동생의 말을 또 진지하게 받아주었다.

"박지오, 체험 활동 보고서는 오늘 안에 다 쓸 거지?"

"엄마, 너무 차별하는 거 아니에요? 하지만 뭐 오늘은 아무래도 괜찮아요. 히히!"

지오는 기분 좋게 방으로 들어갔다. 책상 앞에 앉으니 집으로 돌아오는 길에 현아가 했던 말들이 떠올라 배시시 웃음이 나왔다.

"나한테는 철 좀 들라더니…… 유쾌해서 좋은 친구라고? 내가 부럽다고? 장난을 잘 쳐서 부럽다는 건가? 그게 뭐가 어렵다고……. 암튼 여자애들은 알다가도 모르겠단 말이지."

지오는 책상에 턱을 괴고 앉아 고개를 갸웃갸웃했다.

진짜 살아 있는 지도 박물관

날짜 3월 24일 · **다녀온 곳** 지도 박물관

활동 동기

좋아하는 친구가 나를 유령 취급했었다. (누구인지는 비밀이다.)
왜 그런지 몰랐었다. 아니, 사실 알았었다. 내 장난이 지나쳐서이다.
그 친구가 지도 박물관 체험 활동을 신청했다고 해서 나도 따라서 했다.

지도 박물관 소개

지도만 있으면 어디든 갈 수 있다. 시간이 다른 세계도 다녀올 수 있다. 믿기지 않겠지만
사실이다. 옐로우 큐와 만난다면 정말로 대박, 왕대박이다.

기억에 남는 일

너무 많다. 지금은 짐이 생각난다. 짐에게 Q 배지를 준 건 정말 잘한 일이다.
나를 칭찬해 주고 싶다. 배지가 변신해서 실버와 해적들이 놀라 뒤로 나자빠질 것을
생각하니 벌써부터 웃음이 난다. 크크크. 참! 내가 그 어려운 마지막 축척의 암호를 풀었
다. 친구들의 존경 어린 눈빛에 어깨가 저절로 으쓱했다.

새롭게 안 것

중세의 티오 맵도 지도라는 것을 알았다. 지도는 정확하게 관측한 땅을 그린 것이라고
생각했다. 그 지도의 목적은 사람들에게 신의 세상에서 살고 있다고 믿게 하는 것이다.
또 하나 알게 된 건 마음에 안 드는 친구라도 오랜 시간 동안 함께 고생하니
저절로 같이 놀게 되고 그러면서 조금씩 싫어하는 마음이 없어졌다.

궁금한 것

옐로우 큐가 털 요괴로 변신한 것이라고 생각했다.
옐로우 큐한테 물어보니 모른 척했다. 내 생각이 틀렸나? 진짜 궁금하다!

만든 사람의 목적이 지도에 숨어 있다

날짜 3월 24일 · **다녀온 곳** 지도 박물관

활동 동기

혼자 박물관을 가는 건 사실 좀 지루하다. 친구들과 함께 가서 박물관 선생님의
이야기를 들으면 죽어 있는 유물들이 살아나서 말을 거는 것 같다.
학교에서 배우는 지도는 조금 어렵지만 고지도는 아름답고 재미있는 이야기를 품고
있을 것 같았다.

지도 박물관 소개

지도 역사관에는 다양한 고지도들이 전시되어 있다.
지도 현대관에서는 측량과 지도 제작과 관련된 과학기술을 살펴볼 수 있다.
어린이체험관은 꼭 들러야 한다. 믿을 수 없는 일이 일어날 것이다.

기억에 남는 일

지오가 사라졌는데 찾으러 가겠다는 말이 선뜻 나오지 않았다.
나 자신한테 좀 많이 실망스럽고 지오한테는 좀 미안했다.
그 대신 그 친구의 사과만큼은 흔쾌히 받아 줬다.

새롭게 안 것

누가 어떤 목적으로 만들었느냐에 따라 지도의 쓰임새가 완전히 달라질 수 있다.
지도가 갖고 있는 목적을 아는 게 지도 사용을 제대로 할 수 있는 첫 번째인 것 같다.

궁금한 것

절벽에서 떨어질 때, 모든 게 끝나는 줄 알았다. Q 배지가 아니었다면 나와 친구들은 어
떻게 되었을까? 엘로우 큐가 우리를 찾아 「보물섬」에 왔을까?
어른들은 갈 수 없는 곳이라고 했는데…….

보물섬에서 만난 동생, 짐

날짜 3월 24일 · **다녀온 곳** 지도 박물관

활동 동기
우리 집은 형제자매가 나남매나 된다. 주말엔 특별한 일이 아니면 가족이 모여 지내는 것이 규칙이다. 가끔은 집이 아닌 곳에서 친구들과 놀고 싶었는데 체험 활동이라니 무조건 간다. 아싸라비아!

지도 박물관 소개
거창하게 소개라고 할 것까지는 없다. 우리가 먹고 자고 뛰어노는 땅을 한눈에 볼 수 있는 곳이다. 옛날 사람들이 살았을 땅, 외국 사람들이 사는 땅 온갖 땅을 그린 그림이 엄청 많이 전시되어 있는 곳이다.
그렇지만 땅을 그린 그림만 지도라고 하지 않는다. 하늘을 그린 천문도, 바다를 그린 해도도 지도다. 참 행복지도도 있다.

기억에 남는 것
지오가 신던 냄새나는 양말을 받아 들고 좋아하는 짐이 귀여웠다.
가방을 뒤져 보니 여분의 양말이 있어서 짐의 주머니에 몰래 넣어 뒀다.
양말을 발견하면 이 누나를 생각하겠지.

새롭게 안 것
관섭이가 초콜릿을 좋아하는 걸 새롭게 알았다.
배낭에 먹을 것만 가지고 다닌다며 뭐라 하더니 초콜릿은 관섭이가 다 먹었다.

궁금한 것
궁금한 것은 보물섬에 또 가고 싶을 땐 어떻게 갈 수 있느냐이다.
이번에는 지오의 실수로 가게 되었는데, 다음에는 가고 싶어도 갈 수 없는 걸까?

귀찮은 일도 가끔은 재밌다

날짜 3월 24일 · **다녀온 곳** 지도 박물관

활동 동기
솔직히 말하면 동기는 없다. 엄마가 가라고 해서 어쩔 수 없이 간 거다.

지도 박물관 소개
지도를 수집, 전시해 놓은 곳이다.
다양한 지도가 많다.
어린이체험관에서는 탈출 게임을 직접 체험할 수 있다.
옐로우 큐의 설명을 잘 듣거나 지도 공부를 좀 해서 오면 좋다.

기억에 남는 것
노 젓기, 별 보고 길 찾기, 요새 만들기, 불 피우기
게임기나 스마트폰이 없으면 좀 불편하지만 살아가는 방법이 있다.

새롭게 안 것
체험관은 옐로우 큐가 만든 지도 속 세상이다. 마치 게임의 세계와 같다.
'점검 중'은 옐로우 큐가 미리 파 놓은 함정이 분명하다.
오류복원 레벨을 좀 더 높인다면 누구도 눈치채지 못할 것이다.

궁금한 것
다음에도 가는 건가?

로버트 루이스 스티븐슨의 『보물섬』,
어딘가에 있을 보물을 찾아 떠나는 모험

지도를 들고 모험을 하는 박물관을 만들기 위해
이보다 더 좋은 이야기가 있을까? 아이들은 자신들이 『보물섬』의
세계로 빠지게 되었다는 걸 눈치채면 깜짝 놀라겠지?

　지오와 친구들은 소용돌이에 휩쓸려 보물섬을 향하는 배, 히스파
니올라호에서 짐과 실버를 만났어. 아는 친구들은 알겠지만 짐과 실
버는 고전 명작 『보물섬』의 주인공이야. 이 소설은 영국의 작가 로버
트 루이스 스티븐슨이 자신의 아들에게 모험 이야기를 들려주고 싶
어 쓴 소설이야. 해적, 바다, 보물, 지도, 정의로운 모험과 승리가 담긴
이야기였지. 1883년에 책으로 출간되자 흥미로운 줄거리와 실감 나
는 묘사로 독자들의 사랑을 받았어.

　작가 로버트 루이스 스티븐슨도
책을 발표하면서 호언장담했어.

"어린 소년들이 읽지 않을 수 없
을 것!"

로버트 루이스 스티븐슨
(1850 ~ 1894)

생각해 봐. 꼬마 선원 짐처럼 우연히 보물 지도를 손에 넣었어. 너희라면 어떻게 하겠어? 지도가 보물이 어디에 있다고 막 알려 줘. 너희들도 보물이 있는 곳을 찾아가고 싶겠지?

짐은 지도를 들고 모험을 떠났어. 그러나 보물을 손에 넣는 일이 어디 쉬운 일이겠니? 낯선 섬에서 무지막지한 해적들과 맞붙어 보물을 차지하기 위한 모험이 어찌나 아슬아슬한지 아마 너희들도 한번 잡으면 앉은 자리에서 다 읽어 치울걸. 100년 동안 어린이들의 사랑을 받아 온 명작이니 믿고 읽어 볼만하겠지.

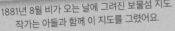

1881년 8월 비가 오는 날에 그려진 보물섬 지도.
작가는 아들과 함께 이 지도를 그렸어요.

옐로우의 편지

지오와 친구들의 모험, 재미있었나요?

지도 한 장으로 신나게 뛰어놀고, 스스로 생각하고, 서로 협력하며 지도 읽기를 배워 나가는 모습, 정말 멋지지 않나요? 혼자 해적선에 떨어졌을 때만 해도 지오는 벌을 받는 것이라고 생각했지만, 지도를 제대로 배울 수 있는 살아있는 모험을 하게 되었지요. 어색했던 친구들과 친해질 수 있어서 더할 나위 없이 행복했고요.

나는 친구들이 지오처럼 옐로우 큐의 살아있는 지도 박물관에 와서 지도를 재미있게 배우고 생생하게 경험하기를 바래요.

지도 박물관에 온 여러분은 어떤 모습으로 모험을 할까요? 모두 똑같이 행동하지 않겠죠? 어떤 친구는 적극적으로 부딪쳐 보고, 어떤 친구는 확실하게 생각을 정리한 후에 움직일 거예요. 나는 여러분의 행동에 따라 적절한 암호를 지도에 내보낼 준비가 되어 있어요. 지도 박물관이 너무 아슬아슬하고 위험하다고요? 옐로우 큐의 지도 박물관은 최고로 안전하게 설계되었어요. 그런 걱정은 버리고,

어린이 친구들은 마음껏 즐기기만 하면 돼요.

옐로우 큐는 살아있는 박물관에서 여러분을 만나길 기대하며 또 다른 재미있는 이야기를 상상하지요. 박물관이 지루한 곳이 아니라 무한한 이야기와 상상을 펼칠 수 있는 곳이라는 것을 알려 주고 싶어요.

또 만나기를 기대하며, 안녕.

덧붙이는 말

체험 친구들의 이동 경로를 기억하나요? 지오와 친구들이 간 곳을 지도 위에 표시해 보세요. 아래의 QR코드를 스캔하면 옐로우의 지도를 다운로드할 수 있어요.

옐로우의 지도를 다운로드하세요.
주의 : '점검 중'일 경우 다른 세계로 넘어갈 수 있음.

어린이 편집위원

어린이 편집위원들의 활동 장면이에요.
옐로우 큐는 어린이 친구들의 진지한 모습에 감동했어요.
책이 만들어지는 과정을 함께 해주셔서 감사해요.

이미지 출처

* 이 책에 쓴 사진은 저작권자의 허가를 받아 게재한 것입니다.
* 저작권자를 찾지 못하여 게재 허가를 받지 못한 사진은 저작권자를 확인하는 대로 허가를 받고,
출판사 통상 기준에 따라 사용료를 지불하겠습니다.

옐로우 큐의 살아있는 박물관 시리즈

지도 박물관

1판 1쇄 인쇄 2025년 2월 10일
1판 1쇄 발행 2024년 2월 25일

글 | 양시명
그림 | 김재일, 홍성지
감수 | 경희대 혜정박물관
발행인 | 전연휘
기획·책임편집 | 전연휘
교정교열 | 조정희
디자인 | 정보라
영업, 홍보 | 양경희, 노헤이

발행처 | 안녕로빈
출판등록 | 2018년 3월 20일 (제 2018-000022 호)
주소 | 서울특별시 광진구 아차산로69길 29
전화 | 02 458 7307
팩스 | 02 6442 7347
@hellorobin_books
hellorobin.co.kr
blog.naver.com/hellorobin_
robinbooks@naver.com

글, 그림, 기획 © 양시명, 김재일, 홍성지, 안녕로빈 2025

ISBN 979-11-91942-52-1
      979-11-965652-7-5 (세트)

*이 책 내용의 전부 또는 일부를 재사용하려면 반드시 저작권자와 안녕로빈 양측의 동의를 받아야 합니다.